FORSCHUNGSBERICHTE
DES WIRTSCHAFTS- UND VERKEHRSMINISTERIUMS
NORDRHEIN-WESTFALEN

Herausgegeben von Staatssekretär Prof. Dr. h. c. Dr. E. h. Leo Brandt

Nr. 609

Dipl.-Ing. Waldemar Rohs
Dipl.-Ing. Ludwig Steinmetz
Technisch-Wissenschaftliches Büro für die Bastfaserindustrie, Bielefeld

Verteilung der Bastfasern im Verzugsfeld einer Nadelstabstrecke

Als Manuskript gedruckt

Springer Fachmedien Wiesbaden GmbH

ISBN 978-3-663-03893-1   ISBN 978-3-663-05082-7 (eBook)
DOI 10.1007/978-3-663-05082-7

Forschungsberichte des Wirtschafts- und Verkehrsministeriums Nordrhein-Westfalen

G l i e d e r u n g

1. Einleitung und Aufgabenstellung . . . . S. 5

2. Versuchsplanung und -durchführung . . . . S. 6

   2.1 Versuchsplanung . . . . S. 6

   2.2 Versuchsdurchführung . . . . S. 7

      2.21 Versuche in der Spinnerei . . . . S. 7

      2.22 Prüfverfahren und -geräte . . . . S. 11

3. Versuchsergebnisse . . . . S. 12

   3.1 Langflachs . . . . S. 12

   3.2 Flachswerg . . . . S. 19

4. Gegenüberstellung der Versuchsergebnisse mit der Faserlängenverteilung (Stapel) im Material . . . . S. 23

5. Zusammenhänge zwischen Faserstapel und Faserlängenverteilung unter Einfluß eines Verzuges . . . . S. 27

6. Praktische Einschränkungen- und Nutzanwendung für Verzugsregelung . . . . S. 36

7. Zusammenfassung . . . . S. 37

   Anhang: Verzug von Bändern mit ungleicher Faserlängenverteilung . . . . S. 38

Forschungsberichte des Wirtschafts- und Verkehrsministeriums Nordrhein-Westfalen

1. Einleitung und Aufgabenstellung

Der vorliegende Bericht behandelt die Verteilung technischer Bastfasern in Gillstreckfeldern unter dem Einfluß eines Verzuges. Die Arbeit enthält neben den Ergebnissen der in diesem Zusammenhang durchgeführten praktischen Untersuchungen an Langflachs- und Flachswergbändern auch die Entwicklung der hierfür geltenden Zusammenhänge mit dem Stapel des Fasergutes.

Grundgedanke für die Inangriffnahme dieses Problems waren die im Zuge der allgemeinen Rationalisierung zu beobachtenden Bestrebungen, die bislang in der Textilindustrie üblichen Arbeitsverfahren zur Herstellung von Gespinsten zu vereinfachen, ohne Qualitätseinbußen in Kauf nehmen zu müssen. Mit den Arbeiten der letzten Jahre hat auch das TWB-Bastfaser dazu beigetragen, rationellere Verfahren in der bastfaserverarbeitenden Industrie vorzubereiten. Hierzu gehören die Pläne zur Verkürzung des Verarbeitungsweges in der Bastfaserspinnerei unter Ausschaltung von Streckpassagen. Die heute der modernen Technik auf dem textilen Sektor zur Verfügung stehenden Meß-, Kontroll- und Regelungsmöglichkeiten bieten für die Entwicklung derartiger Arbeitsverfahren, die Untersuchung ihrer praktischen Anwendbarkeit und ihrer Auswirkungen Aussichten in einem früher nicht vorhandnen Ausmaß.

Der Bericht über die Faserverteilung in Nadelstabstrecken behandelt ein unumgängliches Zwischenthema zu dem Problem des geregelten Verzuges, das bei den Bestrebungen hinsichtlich Abkürzung der Spinnverfahren von Bedeutung ist und auch in der Bastfaserspinnerei in die Betrachtung einbezogen werden muß.

Es sei in Erinnerung zurückgerufen, daß das Wesen einer Regelstrecke darin besteht, Unregelmäßigkeiten der einlaufenden Bänder durch Regelung des Verzuges auszugleichen. Diese erfolgt, indem die Bänder abgetastet werden und die vorkommenden dicken bzw. dünnen Stellen Steuerimpulse auslösen. Um die Veränderung des Verzuges im geeigneten Zeitpunkt eintreten zu lassen, nämlich dann, wenn die Fasern der unregelmäßigen Bandstellen im Nadelfeld in den Bereich der Beschleunigung durch den Verzugszylinder gelangen, sind Steuerorgane erforderlich, deren Ausbildung und Einstellung die Kenntnis der Faserverteilung unter Einfluß des Verzuges voraussetzen.

Forschungsberichte des Wirtschafts- und Verkehrsministeriums Nordrhein-Westfalen

2. Versuchsplanung und -durchführung

2.1 Versuchsplanung

Die in Aussicht genommenen Versuche sollten mit der Untersuchung des Einflusses verschieden hoher Verzüge auf die Faserverteilung langer Bastfasern (Langflachs) im Gillfeld durchgeführt werden. Es war vorgesehen, Versuchsbänder auf einer Langflachsstrecke, die in ihrem Aufbau (Streckfeldweite, Benadelung und Konduktorbreite) einer 3. Strecke eines normalen Spinnsystems für mittelfeine Leinengarne entspricht, zu verziehen. Die Abhängigkeit der Faserverteilung von dem Verzug sollte dabei unter Berücksichtigung der gemeinhin als wichtig angesehenen Faktoren - Stärke des einlaufenden Bandes, Gillbelastung, Konduktorbelastung - untersucht werden, wobei anzustreben war, jeweils nur einen dieser Faktoren zu verändern. Schließlich war geplant, auch die Abliefergeschwindigkeit der Strecke zu variieren.

Um den Umfang der Untersuchungen und den damit verbundenen Arbeitsaufwand in Grenzen zu halten, konnten nicht bei jedem Versuch sämtliche anderen Kombinationen untersucht werden. Es mußte für den gedachten Zweck genügen, außer einer Standardmeßreihe bei den weiter geplanten Variationen lediglich Punkte herauszugreifen und sie mit den Ergebnissen der erstgenannten Reihe zu vergleichen.

Weitere Untersuchungen sollten sich mit Flachswerg befassen und wiederum die Faserverteilung in Abhängigkeit vom Verzug klarstellen. Auch hier war die für die Versuchsdurchführung der Einsatz einer mittelfeinen Strecke - es handelte sich um die 2. Strecke eines Wergspinnsystems - vorgesehen.

Interesse bestand auch daran, festzustellen, ob wesentliche Abweichungen der Faserverteilung im Nadelfeld bestehen, wenn das Versuchsband aus Flachswerg auf einer Langflachsstrecke verzogen wird. Für diese Untersuchungen fand die bei den Versuchen mit Langflachs zum Einsatz kommende Strecke Verwendung.

Für die Versuche mit Langflachs war - um den möglichen Einfluß verschiedener Flächse einer Mischung auszuschalten - ein Band aus einer sehr langstapeligen Flachssorte vorgesehen. Bei den Werguntersuchungen war ein Hechelwerg, ebenfalls ungemischt, in Aussicht genommen, um einerseits eine gewisse Einheitlichkeit, andererseits hinsichtlich der Faserlänge einen guten Abstand zur Flachslangfaser zu schaffen.

Die Auswahl der in die Versuche einbezogenen Flachs- und Flachswergbänder war so getroffen, daß sie bei ihrer Herstellung bereits Verzügen und Dopplungen unterworfen waren und so die Gewähr gaben, in Bezug auf ihre Gleichmäßigkeit und Faserverteilung im Querschnitt den Gesetzen der Zufallsverteilung zu entsprechen.

Da vermutet werden konnte, daß die Faserverteilung in Nadelfeldern von Bastfaserstrecken unter Einfluß eines Verzuges in einem Zusammenhang mit der Ausbildung des Faserstapels steht, erschien es angebracht, auch diesen bei den zum Einsatz gekommenen Materialien festzustellen und ihn auf die Beziehungen zu den Ergebnissen der Faserverteilungsmessungen zu prüfen.

Die Faserverteilung im Nadelfeld sollte auf dem Wege über die Bestimmung des Fasergewichts je Längeneinheit des dem Verzug unterworfenen Bandes ermittelt werden.

2.2. Versuchsdurchführung

2.21 Versuche in der Spinnerei

Für die Untersuchungen der Faserverteilung im Nadelfeld stand eine Flachsstrecke der 3. Passage eines normalen Spinnplanes mit folgenden Daten zur Verfügung:

Streckfeldweite:	670 mm
Ablieferungsgeschwindigkeit:	normal 16,5 m/min
Nadelnummer:	20
Nadelhöhe:	25,4
Nadeldichte:	6,3 je cm
Gillbreite:	60 mm
Konduktorbreite:	normal 40 mm
Druckrollerbelastung:	21 kg/cm

Als Versuchsmaterial kam ein wassergerösteter Courtrai-Flachs als Band von rd. 6,75 g/m zum Einsatz. Die Prüfung mit einem Gleichmäßigkeitsprüfgerät, Typ Textronograph, unter Benutzung einer statistischen Auswertanlage, Typ Masing M 128, ergab bei Untersuchung von ca. 400 m

Durchlauflänge einen Variationskoeffizienten des Gewichts je Längeneinheit von 5,6 %, der für Flachsbänder in der angegebenen Stärke als gut zu bezeichnen ist.

Dieses Band war für den einfachen Einzug in die Versuchsstrecke zu schwach. Wenn es dennoch in dieser Stärke hergestellt worden war, so, um die Möglichkeit zu schaffen, durch Wahl entsprechender Doublagen am Einzug die Gillbelastung variieren zu können. Hauptsächlich waren doppelter bzw. vierfacher Einzug - Bandgewicht 13,5 g/m bzw. 27,0 g/m - vorgesehen.

Für den Verzugszylinder standen Konduktoren mit 20, 30 und 40 mm Breite zur Verfügung.

Der variable Verzug wurde mit 8-, 12- und 16-fach festgelegt.

Die normale Abliefergeschwindigkeit betrug 16,5 m/min. Zur Erprobung einer erhöhten Ablieferung wurde ein Versuch mit 23,5 m/min durchgeführt.

Die Versuche seien nachstehend der Übersichtlichkeit halber durch eine Kombination von 3 Zahlen gekennzeichnet, die Verzugshöhe, Zahl der einlaufenden Bänder und Konduktorbreite angeben. Ein Zusatz der Buchstaben n bzw. h bedeutet normale oder erhöhte Streckenablieferung. Beispielsweise bedeutete 8/2/40/n : 8-facher Verzug, 2-facher Bandeinzug (13,5 g/m), 40 mm Konduktorbreite, normale Abliefergeschwindigkeit.

Die Standardversuchsreihe mit verschiedenen Verzügen bei gleichbleibenden Gill- und annähernd gleichbleibenden Konduktorbelastungen sowie bei normaler Abliefergeschwindigkeit wurde derart vorgenommen, daß mit zunehmenden Verzug schmalere Konduktoren Anwendung fanden. Die Versuche sind demnach zu bezeichnen:

$$8/2/40n \qquad 12/2/30/n \qquad 16/2/20/n$$

Die Konduktorbelastung ergab sich dabei mit rd. 400 g je 1000 m u. 1 cm Konduktorbreite.

Ein Versuch mit einem schwereren Einlaufband, also mit erhöhter Gillbelastung bei gleichbleibendem Verzug und unveränderter Konduktorbelastung wurde mit 4-fachem Bandeinzug und entsprechend breitem Konduktor durchgeführt: 16/4/40/n.

Das Ergebnis dieses Versuchs ist mit dem des Versuchs 16/2/20/n zu vergleichen. Der Verzug bei dieser Gegenüberstellung war also 16-fach; die

Konduktorbelastung ergab sich wiederum mit rd. 400 g je 1000 m u. 1 cm Konduktorbreite. Die Gillbelastung hatte sich gegenüber der Standardreihe verdoppelt.

Der Feststellung des Einflusses veränderter Konduktorbelastung diente ein Versuch mit 8-fachem Verzug, 2-fach einlaufendem Band, einer Konduktorbreite von 20 mm und normaler Geschwindigkeit: 8/2/20/n. Dabei ergab sich eine Konduktorbelastung von rd. 800 g je 1000 m u. 1 cm Breite. Der hierzu vergleichbare Versuch der Standardreihe ist 8/2/40/n mit rd. 400 g. Verzug und Gillbelastung sind in beiden Fällen gleich.

Die Variation der Abliefergeschwindigkeit wurde bei einem Versuch 16/2/20/h vorgenommen. Der Vergleichsversuch ist mit einer Abliefergeschwindigkeit von 23,5 m/min, 16-fachem Verzug und einer Gill- sowie Konduktorbelastung wie in der Standardreihe ausgeführt worden; vergl. 16/2/20/n mit 16,5 m/min Abliefergeschwindigkeit. Das Verhältnis der Hechelgeschwindigkeit bei den beiden Versuchen beträgt 22 : 15,5 m/min.

In der Praxis geht mit einer Veränderung des Verzuges eine Änderung der Konduktorbelastung an den Streckzylindern einher. Deshalb wurden die Ergebnisse folgender Versuche miteinander verglichen: 8/2/20/n 12/2/20/n 16/2/20/n [1].

Es handelt sich wie ersichtlich um Versuche mit variablem Verzug, doppeltem Einlaufband (13,5 g/m) und einer gleichbleibenden Konduktorbreite von 20 mm bei normaler Liefergeschwindigkeit. Demnach ergaben sich bei gleichbleibender Gillbelastung mit steigender Verzugshöhe abnehmende Konduktorbelastungen: bei 8-fachem Verzug rd. 800, bei 12-fachem Verzug rd. 600 und bei 16-fachem Verzug rd. 400 g je 1000 m u. 1 cm Breite.

Zu dieser Versuchsreihe parallel wurden 2 weitere Prüfungen jedoch mit 3-fachen Einlaufbändern (20,2 g/m), 8- und 12-fachem Verzug ebenfalls bei 20 mm Konduktorbreite ausgeführt: 8/3/20/n u. 12/3/20/n. Die Ergebnisse können mit denen der Versuche mit 2-fach eingeführten Bändern verglichen werden, wobei sich eine um 50 % gesteigerte Gill- bzw. Konduktorbelastung ergibt.

---

1. Um diese Reihe vollständig zu machen, bedurfte es lediglich des in der Mitte genannten Versuchs, während die an erster und letzter Stelle genannten bereits zu früher beschriebenen Untersuchungen gehörten

Forschungsberichte des Wirtschafts- und Verkehrsministeriums Nordrhein-Westfalen

Um eine extrem niedrige Konduktorbelastung (rd. 200 g) erzielen zu können, wurde ein einfaches Band ohne Dopplung bei einer Konduktorbreite von 40 mm und 8-fachem Verzug verstreckt: 8/1/40/n.

Bei den Versuchen mit Wergbändern kam ein Hechelwerg zum Einsatz. Das Versuchsband hatte ein mittleres Bandgewicht von ca. 3,35 g/m. Der Variationskoeffizient des mit dem Gleichmäßigkeitsprüfer getesteten Bandes betrug bei Prüfung von etwa 400 m Länge 8,7 %.

Für die Untersuchungen der Faserverteilung im Nadelfeld stand eine Wergstrecke der 2. Passage eines normalen Spinnplanes mit folgenden Daten zur Verfügung:

Streckfeldweite:	254 mm
Abliefergeschwindigkeit:	16 m/min
Nadelnummer:	18
Nadelhöhe:	28,6 mm
Nadeldichte:	4,7 je cm
Gillbreite:	57 mm
Konduktorbreite:	40 mm
Druckrollerbelastung:	16 kg/cm

Auch bei den Versuchen mit Wergbändern wurde die Einlaufstärke durch am Einzug vorgenommene Dopplungen variiert. Da für die Versuchsmaschine verschieden breite Konduktoren nicht zur Verfügung standen, aber dennoch mit konstanter Konduktorbelastung gearbeitet werden sollte, wurden die Versuche so durchgeführt, daß bei einer Konduktorbreite von 40 mm 4-, 6- und 8-fache Verzüge bei 2-, 3- und 4-fachem Bandeinzug zur Anwendung kamen: 4/2/40/n, 6/3/40/n und 8/4/40/n. Dabei mußte auf eine Konstanz der Gillbelastung verzichtet werden. Die Konduktorbelastung betrug rd. 400 g je 1000 m u. 1 cm Breite.

Der Versuch, die Faserverteilung in Wergbändern beim Verzug auf einer Flachsstrecke zu studieren, wurde mit 8-fachem Verzug, 4-fachem Bandeinzug (13,4 g/m), 40 mm Konduktorbreite durchgeführt (8/4/40/n/L). Die Konduktorbelastung betrug ebenfalls 400 g.

Zur Ermittlung der Faserverteilung im Streckwerk wurde die Strecke stillgesetzt, der Druckroller entfernt, die Klemmlinie durch einen Tintenstrich auf dem Band markiert, das Band ca. 50 cm vor dem Einzugskonduktor und 50 cm hinter der Verzugsklemmlinie abgeschnitten und das gebildete Bandstück vorsichtig aus den Nadeln herauspräpariert. Die Verteilung der Fasern vor dem Einlauf in die Versuchsmaschine und nach erfolgtem Verzug (jeweils rd. 50 cm) wurde ebenfalls mit in die Untersuchungen einbezogen, um die Gewichte je Längeneinheit im An- und Ablieferzustand exakt zu erhalten.

2.22 Prüfverfahren und -geräte

Wie bei der Besprechung der Versuchsplanung schon erwähnt, wurde als Kriterium der Faserverteilung in Nadelabstreckwerken das Bandgewicht je Längeneinheit herangezogen, da dieses die Masse der Fasern in dem betrachteten Abschnitt repräsentiert. In der vorliegenden Arbeit wurde von der Methode des Schneidens und Wägens gleichlanger Bandabschnitte Gebrauch gemacht. Die Schnittlänge wurde mit 2 cm festgelegt, was - bezogen auf den Reach der Strecke bzw. auf die vorkommenden längsten Fasern - etwa 3 % ausmachte, so daß für die Charakterisierung der Gewichtsverteilung über 30 Werte zur Verfügung standen. Diese Anzahl war ausreichend, um die Faserverteilung im Gillfeld einwandfrei aufzuzeigen.

Die veränderlichen Verzüge und die unterschiedliche Zahl der einlaufenden Bänder führen zu Veränderungen der Gewichte im Nadelfeld und im verzogenen Band, die den unmittelbaren Vergleich der einzelnen Versuchsergebnisse unmöglich machen. Deshalb ist es notwendig, die Gewichtsverteilung relativ, d.h. prozentual zum Ausdruck zu bringen. Dies geschieht zweckmäßig, indem die an der jeweils betrachteten Stelle festzustellende Gewichtsdifferenz zum bereits verzogenen Band in Prozent der Gesamtdifferenz zwischen einlaufendem und verstrecktem Band (= 100 %) erfaßt wird.

Bei graphischer Darstellung in einem rechtwinkeligen Koordinatensystem mit linearer Teilung kommen als Ordinaten die eben gekennzeichneten Gewichtsdifferenzen der 2 cm langen Bandstücke und als Abszissen die Abstände von der Verzugsklemmlinie in Betracht.

> Eine zweite erprobte Möglichkeit zur Überprüfung der Faserverteilung bietet der Einsatz eines elektronisch arbeitenden Gleichmäßigkeitsprüfgerätes mit einem Spezialkondensator [2]. Hier wird auf elektrokapazitivem Wege der Substanzquerschnitt des Faserbandes kontinuierlich gemessen, während die Fasermasse mittels eines Spezialwalzengetriebes langsam durch den Kondensator gezogen wird. Das Verfahren

---

2. Zum Einsatz kamen: Textronograph mit Stapeldiagraph der Firma Dipl.-Ing. HAASE-DEYERLING, Negenborn (Hann.)

hat den Vorteil, daß die Auswertung direkt graphisch und damit anschaulich erfolgt. Zudem ist der Zeitaufwand erheblich geringer als für das Schneiden und Wägen gleichlanger Bandstücke.
Es ergibt sich bei dieser Methode allerdings dadurch eine Schwierigkeit, daß die Anzeige der herangezogenen Gerätetypen nicht für den gesamten Bereich - 0 bis 100 % - linear ist. Falls auf genaue Ergebnisse und nicht nur auf Übersichten Wert gelegt wird, müssen Korrekturfaktoren berücksichtigt werden, was allerdings wiederum zu einer Komplizierung und damit zu erhöhtem Zeitaufwand führt.

Um den Meßergebnissen der Faserverteilung hinreichende Aussagesicherheit zu geben, wurde jeder Versuch 10 x durchgeführt und die Gewichte der einander entsprechenden 2 cm-Bandstücke gemittelt. Die in den Vorversuchen festgestellte Streuung der Einzelwerte lag in der Größenordnung von 7 %, so daß mit 10 Einzelversuchen sich ein Vertrauensbereich der jeweiligen Mittelwerte von etwa 5 % bei einer statistischen Sicherheit von 95 % ergab.

3. Versuchsergebnisse

3.1 Langflachs

In Tabelle 1 sind die Untersuchungsergebnisse als Mittel der Wägungen von 2 cm langen Bandstücken, die in ihrer Reihenfolge die Faserverteilung im Gillfeld repräsentieren, als Prozentzahlen enthalten. Dabei bedeutet die in der ersten Zeile stehende "100" die gesamte Gewichtsdifferenz zwischen einlaufendem und verstrecktem Band. Die in der letzten Zeile stehende "0" besagt, daß nach Passieren der Verzugsklemmlinie wiederum eine Gewichtskonstanz, nämlich die des verstreckten Bandes, erreicht ist. Die zwischen 100 und 0 eingetragenen 31 anderen Werte jeder Spalte versinnbildlichen demnach die Faserverteilung im Nadelstreckfeld. Wenn es bei der Aufstellung der Zahlen zu Werten über 100 kommt, so deshalb, weil das einlaufende Band mit natürlichen Gewichtsschwankungen behaftet ist, deren Streuung um den 100-Wert pendelt.

Ein flüchtiger Blick auf die in Tabelle 1 angegebenen Ziffern verrät eine relativ gute Übereinstimmung der sich entsprechenden Zahlenwerte aus allen Versuchen. Lediglich die einander zugeordneten Prozentwerte für die Bandstücke der sich unmittelbar in der Nähe der Verzugsklemmlinie befindlichen Bandstücke lassen eine stärkere Streuung erkennen. Die Erklärung hierfür ist darin zu suchen, daß angesichts des an dieser Stelle vorhandenen geringsten Bandgewichts sich alle Ungenauigkeiten

Forschungsberichte des Wirtschafts- und Verkehrsministeriums Nordrhein-Westfalen

T a b e l l e   1

Faserverteilung im Gillfeld

(Flachslangfaser)

8/2/40/n	12/2/30/n	16/2/20/n	16/2/20/h	16/4/40/n	8/2/20/n	12/2/20/n	8/1/40/n	8/3/20/n	12/3/20/n
100	100	100	100	100	100	100	100	100	100
97,5	99,1	102,1	99,5	101,0	101,0	99,5	101,0	99,0	98,9
97,0	98,2	102,6	101,0	100,5	101,0	99,5	101,0	100,0	98,9
97,5	98,6	102,1	100,0	100,3	99,5	100,0	100,0	99,4	98,5
98,0	98,6	102,6	101,0	100,5	100,0	100,5	99,0	99,7	98,9
99,0	96,9	102,1	101,0	101,2	99,5	100,5	99,0	99,7	99,4
99,5	98,2	101,8	102,5	101,1	99,1	100,5	96,5	99,7	100,0
99,0	97,8	101,8	101,0	100,3	98,6	100,0	97,5	98,7	98,2
97,5	98,2	101,3	99,5	100,3	98,2	98,6	96,5	98,1	98,5
97,0	97,3	99,0	100,0	100,0	97,7	98,6	96,5	98,1	98,5
97,0	97,8	97,4	101,0	99,0	98,2	99,0	95,6	97,0	97,4
96,6	96,9	96,5	99,1	97,9	97,7	96,0	96,5	95,6	97,4
94,3	97,3	96,0	98,4	97,2	96,5	96,4	94,0	94,5	96,2
93,0	94,6	96,0	97,0	95,3	94,7	96,0	93,0	93,1	95,6
93,0	92,5	94,6	95,1	94,1	93,5	96,9	91,5	92,5	94,2
89,5	92,9	92,0	94,4	91,5	91,7	89,5	91,5	90,7	91,5
87,2	90,6	91,5	91,4	89,4	88,5	86,6	89,0	89,1	89,9
84,0	86,3	89,0	87,7	87,0	87,2	84,9	85,4	86,0	87,5
83,0	82,6	85,8	84,6	84,5	83,4	81,5	81,9	83,6	85,2
79,7	79,1	81,4	82,0	82,0	79,4	78,0	79,3	79,5	82,3
75,5	75,5	77,0	76,7	77,4	74,5	73,5	75,0	76,5	78,5
70,0	71,5	73,7	71,9	73,3	71,0	67,8	71,5	68,1	75,6
65,6	67,1	68,0	66,5	67,9	64,5	61,8	66,4	67,2	68,6
60,0	60,9	61,7	60,4	63,8	58,4	56,2	62,0	60,7	63,5
54,0	57,7	56,0	54,7	58,0	53,0	48,9	56,9	53,5	57,4
46,9	49,7	49,4	46,7	50,9	46,5	41,5	51,7	47,1	51,9
39,0	41,8	42,2	41,0	42,9	38,2	33,6	42,2	39,0	41,7
28,2	33,8	34,2	32,6	34,9	27,6	24,4	34,4	31,0	33,9
20,2	23,6	25,3	23,4	26,1	18,9	12,4	25,0	20,1	25,5
9,4	13,8	14,2	12,3	15,1	7,9	3,7	16,4	10,8	13,6
2,3	4,9	5,3	3,1	5,2	0,9		6,9	3,1	3,3
0	0	0	0	0	0	0	0	0	0

verstärkt auswirken und daß nach den Gesetzen der Statistik jede Bandverfeinerung einen Zusatz an prozentualer Ungleichmäßigkeit mit sich bringt. Im übrigen ist die Betrachtung einer einzelnen Zeile ohnehin abwegig.

Die in Tabelle 1 aufgeführten Zahlenwerte wurden auch graphisch ausgewertet. Gemäß der Versuchsplanung sind in Abbildung 1a die Kurven für die Versuchsbänder 8/2/40/n, 12/2/30/n und 16/2/20/n eingezeichnet - variabler Verzug, konstante Gill- und Konduktorbelastung, Normalgeschwindigkeit -. In ihrer Tendenz laufen alle diese Linienzüge gleich. Bei etwa 10 - 15 cm nach Einlauf der Faserbänder in das Gillfeld - vom ersten Faller beim Einzug aus gerechnet - beginnen die Kurven leicht abzufallen, um im Bereich von 40 - 50 cm - wiederum vom ersten Faller aus gemessen - ihre maximale Neigung aufzuweisen, die dann praktisch bis kurz vor der Verzugsklemmlinie gleichbleibt. Miteinander verglichen, lassen die Kurvenzüge eine gewisse Abstufung erkennen. Bei dem niedrigen Verzug ergibt sich die untere, beim hohen Verzug die obere Kennlinie, während die des 12-fachen Verzuges in der Mitte liegt. Die Abweichung der Kurven untereinander ist vom Standpunkt unserer Zielsetzung, praktisch ins Gewicht fallende Abhängigkeiten aufzuzeigen, nur gering und ohne Bedeutung.

Die Versuche mit gleichbleibendem Verzug und konstanter Konduktorbelastung, jedoch unterschiedlicher Einlaufstärke der geprüften Bänder - 16/2/20/n und 16/4/40/n - sind in Abbildung 1b graphisch ausgewertet. Wie zu erkennen ist, unterscheiden sich die beiden Kurven trotz der Dopplung der Gillbelastung praktisch nicht. Das Ergebnis zeigt somit, daß die Gillbelastung - wenigstens innerhalb der eingehaltenen Grenzen - keinen Einfluß auf die Faserverteilung ausübt.

Abbildung 2b zeigt eine Gegenüberstellung der Versuche 8/2/40/n und 8/2/20/n mit Bändern, die sich in Bezug auf Verzug und Einlaufbandstärke nicht unterscheiden, wohl aber einmal mit einer Konduktorbreite von 20 zum anderen mit einer von 40 mm durchgeführt wurden: Konduktorbelastungen ca. 400 g je 1000 m u. 1 cm bei 8/2/40/n und ca. 800 g bei 8/2/20/n. Das Diagramm läßt auch hier wiederum erkennen, daß die Abweichung der Kurven außerordentlich gering ist und in der letzten Hälfte des Streckwerkes praktisch zu einer vollkommenen Identität der Faserverteilung führt. Es kann also festgehalten werden, daß die Konduktorbelastung,

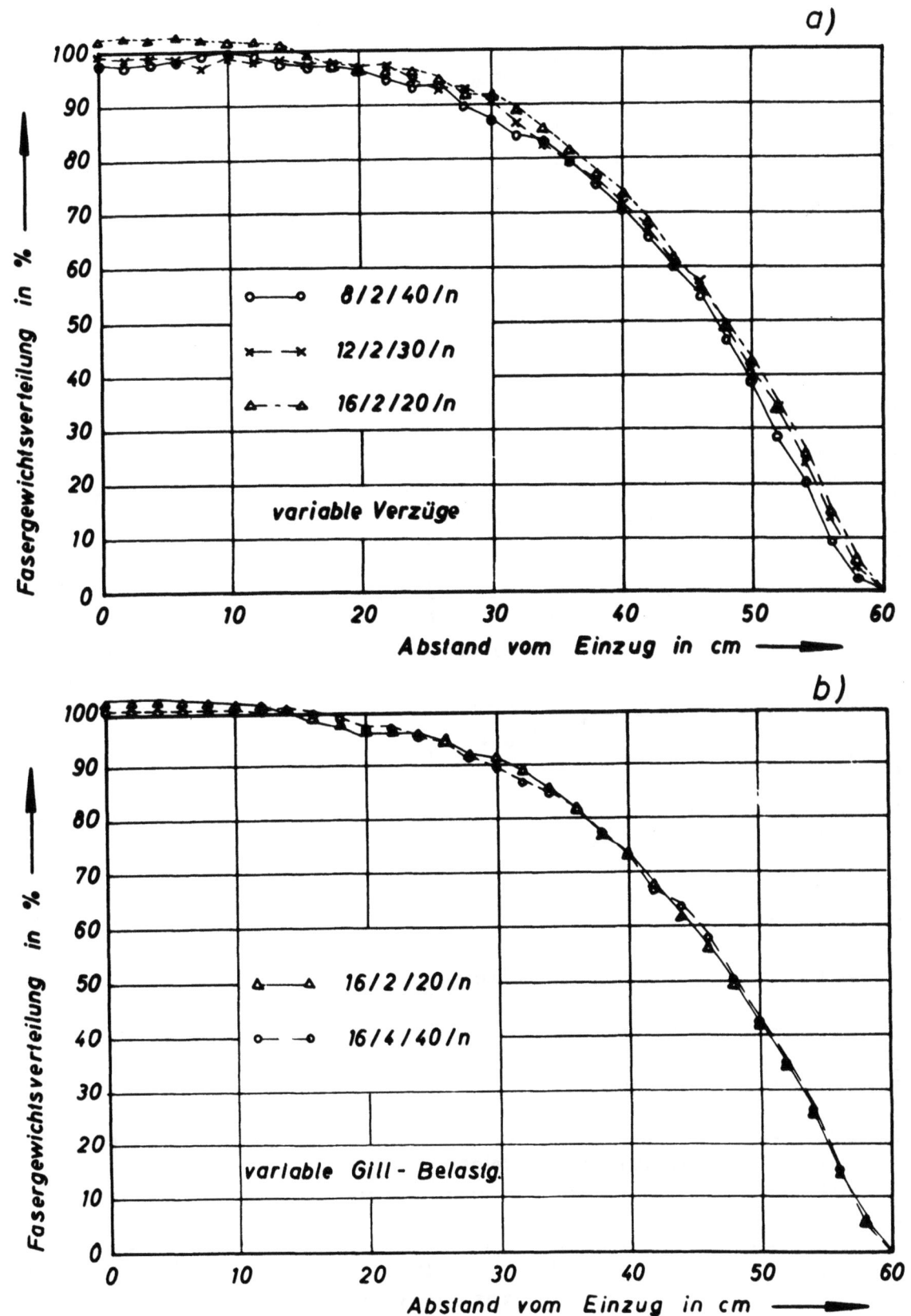

Abbildung 1

Fasergewichtsverteilung im Nadelfeld

Langflachsband

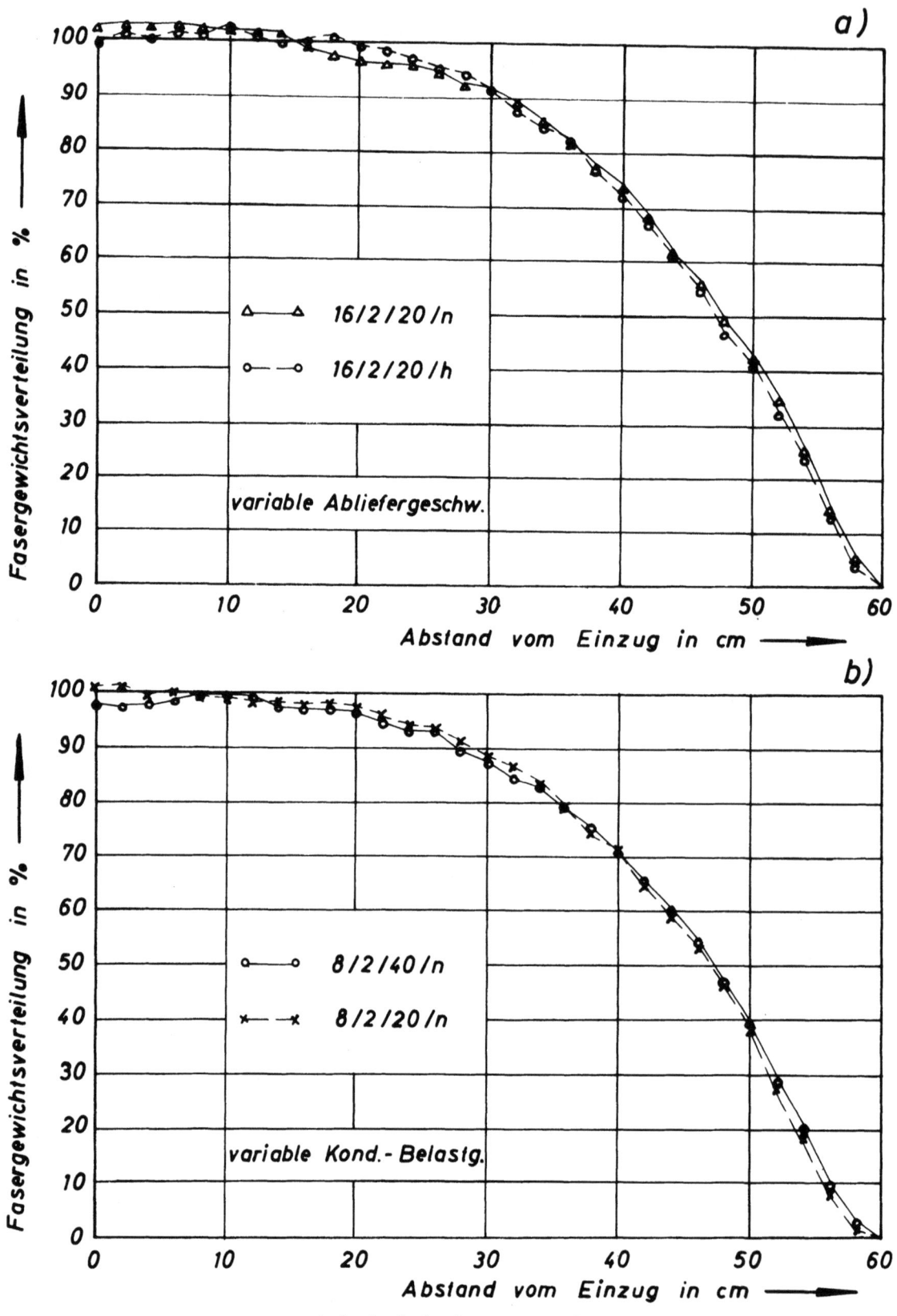

Abbildung 2

Fasergewichtsverteilung im Nadelfeld

Langflachsband

die im vorliegenden Fall innerhalb der gemeinhin als normal angesehenen
Grenzen auf das Doppelte erhöht wurde, auf die Fasergewichtsverteilung
von langstapeligen Bastfasern in Gillfeldern keinen Einfluß ausübt.

Der Einfluß erhöhter Abzugsgeschwindigkeit (23,5 gegenüber 16,5 m/min)
ist in Abbildung 2a dargestellt. Es handelt sich um das Versuchspaar
16/2/20/n und 16/2/20/h. Verzugshöhe, Zahl der einlaufenden Bänder und
Konduktorbelastung sind also in beiden Fällen gleich. Werden die beiden
Faserverteilungskurven betrachtet, so weisen sie eine gute Übereinstimmung auf. Insbesondere in dem Längenbereich vor der Verzugsklemmlinie
sind merkbare Unterschiede nicht zu beobachten. Etwa von der Mitte des
Streckfeldes ab in Richtung auf die Einzugskonduktoren ist eine geringfügige Differenz der Kurvenlagen festzustellen, die an anderer Stelle
schon durch die natürliche Gewichtsstreuung der Bänder erklärt wurde.
Das Versuchsergebnis stellt also eindeutig heraus, daß die Erhöhung von
Liefergeschwindigkeiten auf die Faseranordnung im Gillfeld ohne Einfluß
ist.

Abbildung 3a stellt die Ergebnisse der Versuchsreihe dar, in der bei
konstanter Einlaufbandstärke und Konduktorbreite die Bänder verschieden
hoch verzogen wurden: 8/2/20/n, 12/2/20/n und 16/2/20/n. Dadurch ergab
sich mit verändertem Verzug eine unterschiedlich hohe Konduktorbelastung,
wie dies im allgemeinen in der Praxis der Fall ist. Von einer geringfügigen Abweichung abgesehen, bestätigt sich auch bei dieser Kurvenreihe
das Ergebnis der Standardversuche, wie es in Abbildung 1a dargestellt
ist, nämlich, daß ein höher verstrecktes Band in Bezug auf seine Faserverteilung verzögert in den Bereich des wirksamen Verzuges gelangt.
Die Kurve des 16-fach verstreckten Bandes zeigt zumindest eine diesbezügliche Tendenz. Da mit der Gegenüberstellung 8/2/40/n u. 8/2/20/n
nachgewiesen werden konnte, daß ein Einfluß der Konduktorbelastung auf
die Faserverteilung im Gillfeld nicht besteht, ist also die Deutung der
Versuchsergebnisse aus Abb. 3a so vorzunehmen, daß lediglich die Verzugshöhe für die geringe Unterschiedlichkeit der Kurven verantwortlich
zu machen ist.

Abbildung 3b zeigt die Meßwerte der Versuchspaare 8/2/20/n und 8/3/20/n.
Die Kurven unterscheiden sich trotz verschiedener Gill- und Konduktorbelastungen - nun schon erwartungsgemäß - nicht [3].

---

3. (Fußnote siehe S. 19)

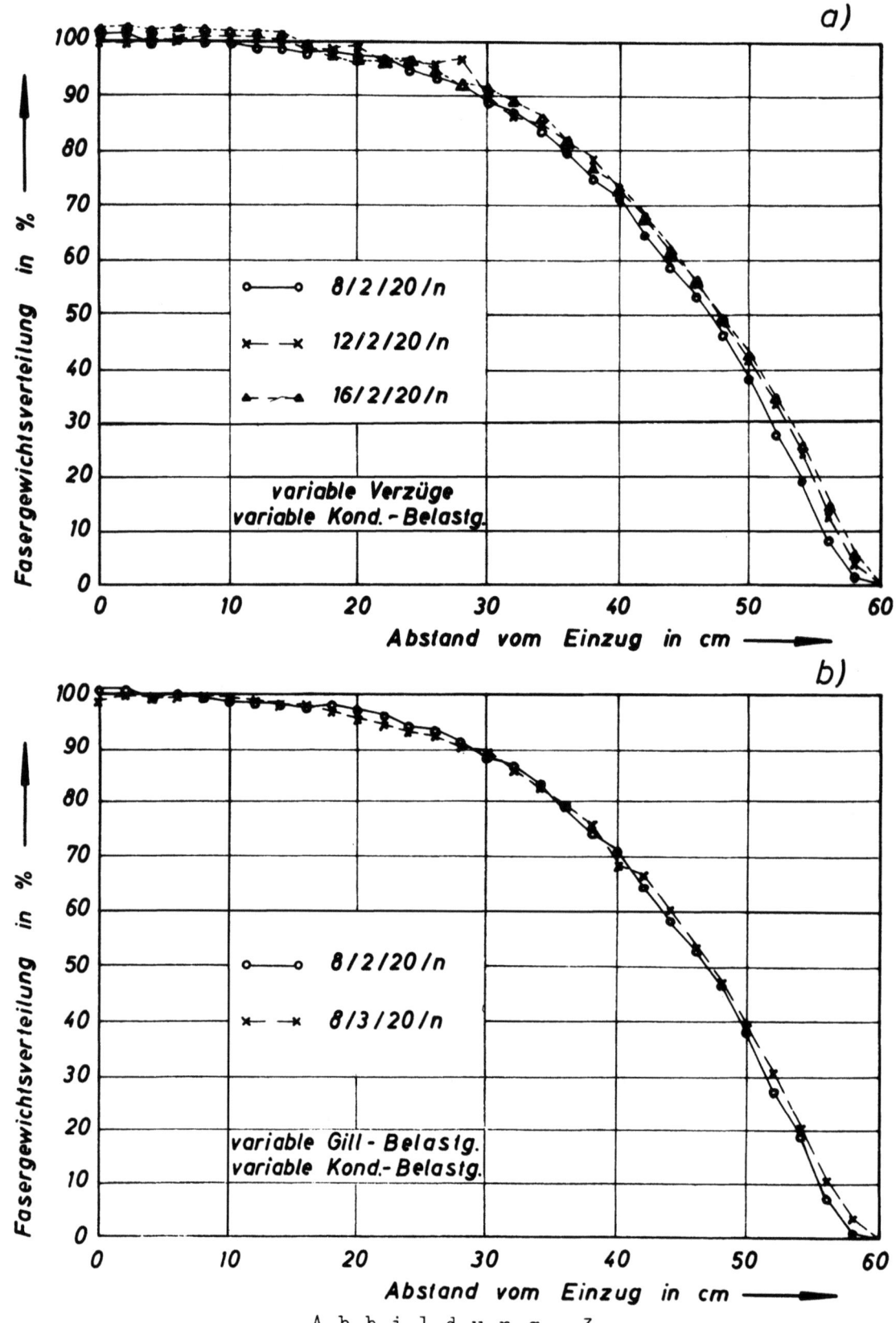

Abbildung 3

Fasergewichtsverteilung im Nadelfeld

Langflachsband

Abbildung 4a enthält die Auswertung des Versuchs mit extrem niedriger Gill- und Konduktorbelastung durch einfachen Bandeinlauf: 8/1/40/n. Zur Gegenüberstellung wurde der Versuch 8/2/40/n aus der Standardreihe herangezogen. Der Vergleich der beiden Kurven ist insofern interessant, als sich im Gegensatz zu den anderen Meßreihen hier im letzten Drittel des Streckfeldes immerhin merkbare Unterschiede ergeben, die in der Größenordnung von 5 - 6 %-Punkten liegen. Die Kurve 8/1/40/n liegt über der Abhängigkeitslinie von 8/2/40/n, was darauf hindeutet, daß der Verzugsvorgang bei der niedrigen Belastung ähnlich wie bei einer höheren Verstreckung von Bändern verzögert ist. Dies kann dadurch erklärt werden, daß die geringere Faserdichte eine gegenseitige Beeinflussung der Fasern vermindert und die kürzeren Fasern infolge geringerer Reibung erst später in die Verzugszone gelangen läßt.

Zusammenfassend für diesen Abschnitt des Versuchsberichts ist zu sagen, daß die festgestellten Faserverteilungen im Nadelfeld einer Langflachsstrecke trotz Veränderung der spinntechnischen Faktoren - Verzug, Gillbelastung, Konduktorbelastung, Geschwindigkeit - in relativ weiten Grenzen eine fast erstaunliche Gleichförmigkeit aufweisen. Die auftretenden und vorstehend erläuterten Abweichungen sind vom technischen Standpunkt ohne Bedeutung.

3.2 Flachswerg

Wie geplant sind auch Faserverteilungsmessungen an Flachswergbändern in Nadelfeldern durchgeführt worden, um gegebenenfalls markante Abweichungen von den entsprechenden Feststellungen bei Langflachs aufzufinden. Tabelle 2 enthält die Ergebnisse dieser Versuche. Die Auswertung der anfallenden Gewichte von 2 cm langen Bandstückchen geschah in der gleichen Weise, wie dies bei den Flachsbändern vorgenommen wurde. Die Gewichtsdifferenz zwischen einlaufendem und ablaufendem Faserband wurde gleich 100 % gesetzt und die fortlaufende Gewichtsabnahme durch Prozentzahlen ausgedrückt.

Tabelle 2 enthält die Zahlen für die Versuche 4/2/40/n, 6/3/40/n und 8/4/40/n mit gleichbleibender Konduktorbelastung von ca.

---

3. Ein Vergleich der Ergebnisse des Versuchs 12/2/20/n und 12/2/30/n, die ebenfalls mit verschiedenen Konduktorbelastungen bei sonst gleichen Verhältnissen durchgeführt worden sind, bestätigen, daß praktisch zu bewertende Unterschiede nicht vorhanden sind

Tabelle 2
Faserverteilung im Gillfeld
(Flachswerg)

4/2/40/n	6/3/40/n	8/4/40/n	8/4/40/n/L
100	100	100	100
			93,0
			91,5
			90,1
			93,6
			93,6
			93,6
			91,1
			93,2
			94,5
			96,0
			96,0
			98,5
			101,5
			99,0
			94,4
			94,6
			94,6
100,0	102,4	93,0	96,0
98,0	97,0	93,0	94,1
90,0	91,5	93,0	95,0
90,0	94,5	90,5	95,5
84,5	93,4	86,5	90,1
78,9	84,9	82,5	84,0
72,2	80,0	78,5	81,8
60,0	74,5	69,0	73,7
52,2	61,0	60,3	65,8
41,1	52,7	47,6	56,9
25,6	35,8	24,0	41,3
6,7	12,1	7,0	21,5
0	0	0	0

ca. 400 g je 1000 m u. 1 cm Breite und 4-, 6- und 8-fachem Verzug. Da mangels verschieden breiter Konduktoren die gleichbleibende Konduktorbelastung nur durch veränderliche Zahl der Einzugsbänder erreicht werden konnte, mußte bedauerlicherweise auf eine Konstanz der Gillbelastung verzichtet werden.

Gleichfalls enthält Tabelle 2 Ergebnis von Messungen der Faserverteilung eines Flachswergbandes in einer Langflachsstrecke, wobei mit 8-fachem Verzug, 4-fachem Bandeinzug und einer Konduktorbreite von 40 mm ähnliche

Verhältnisse geschaffen wurden, wie an der Wegstrecke mit maximalem Verzug. Der Unterschied bestand lediglich in der Länge des Streckfeldes (670 mm gegen 254 mm).

Die Tabellenwerte sind wie bei den Flachsbändern graphisch ausgewertet worden. Abbildung 4b enthält die Übersicht über die Faserverteilungskurven mit variablem Verzug. Auffalend ist zunächst bei diesen Charakteristiken, daß die Gewichtsabnahme unmittelbar nach Eintritt in das Streckfeld erfolgt, während im Gegensatz hierzu bei den Flachsbändern die Gewichtsverminderung allmählich einsetzte. Zudem ergibt sich ein stärkerer Abfall der Flachswergkurven bis zur Verzugsklemmlinie. Beides ist leicht durch die kurze Streckfeldlänge erklärt.

Von der bei Flachsbändern gemachten Feststellung, daß der Verzug eine gewisse Verschiebung der Faserverteilungskurven derart herbeiführt, daß sie mit zunehmendem Verzug nach außen, d.h. zur Klemmlinie hin verschoben sind, ist dies bei den Wergbändern nicht so deutlich erkennbar. Wohl liegen die Kurven des 6 und 8-fachen Verzuges verglichen mit derjenigen des 4-fachen in der angegebenen Richtung, untereinander zeigen sie diese Tendenz aber nicht [4].

Diese nicht vollständige Übereinstimmung, für die eine Erklärung nicht ohne weiteres gegeben werden kann, ist störend. Gegebenenfalls kann sie auf die bekanntlich größere Streuung der Untersuchungsergebnisse an Wergmaterial zurückgeführt werden. Sie ist jedoch wenig interessant, da wie bereits erwähnt, alle festgestellten Abweichungen der Faserverteilungskurven voneinander - dies gilt auch für die betrachteten Kurven der Flachsbänder - nur unbedeutend sind.

Abbildung 4b enthält auch die Faserverteilungskurve für das auf der Langfaserstrecke verzogene Wergband 8/4/40/n/L. Sie kann derjenigen des Versuchs 8/4/40/n auf der Wegstrecke gegenübergestellt werden. Deutlich tritt in Erscheinung, daß der Verzugsvorgang auf der Flachsstrecke gegenüber dem auf Wergstrecke nacheilt. Eine Erklärung hierfür muß zunächst offenbleiben. So wesentlich sie theoretisch sein mag, so kann

---

4. Daß die letztgenannte Abweichung nicht etwa auf einen störenden Einfluß der notgedrungenen ungleichen Gillbelastung zurückzuführen sein dürfte, geht aus den vermutlich übertragbaren Ergebnissen der Untersuchungen an Flachsbändern hervor, die eine Auswirkung der Nadelbelastung auf die Faserverteilung nicht in Erscheinung treten lassen

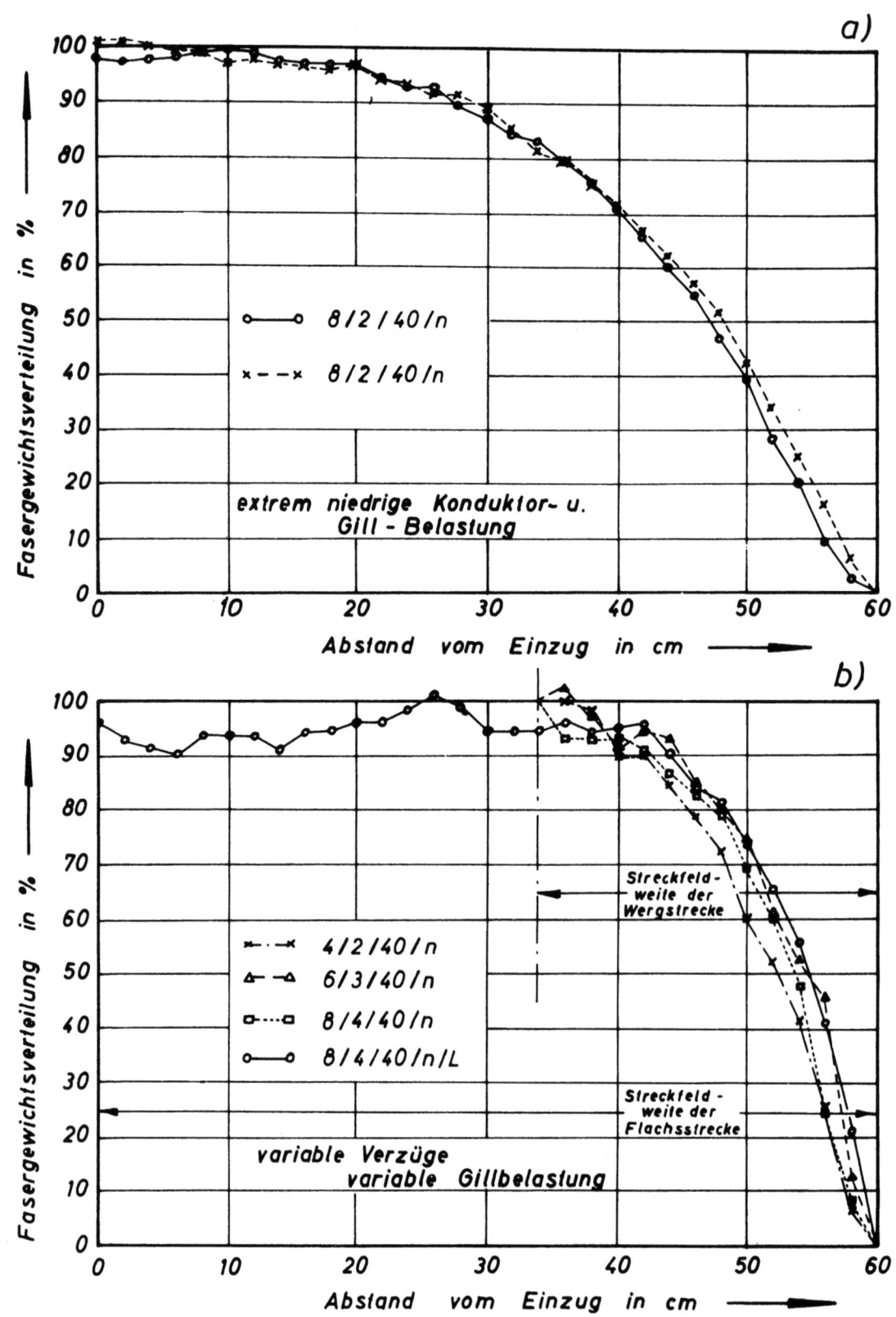

Abbildung 4
Fasergewichtsverteilung im Nadelfeld
a) Langflachsband b) Flachswergband

in dem behandelten Zusammenhang auch hier wiederum gesagt werden, daß die Abweichung in dem festgestellten Ausmaß keine praktische Bedeutung besitzt. Diesbezüglich wesentlicher ist die Feststellung, daß der Verzug des Wergbandes auf der Flachsstrecke erst in der zweiten Hälfte des Nadelfeldes einsetzt, was sich einfach aus der Diskrepanz zwischen Streckfeldweite und max. Faserlänge erklärt. Ferner fällt auf, daß die Bandstärke im Nadelfeld vor Einsetzen des Verzuges die eindeutige Tendenz hat, im Gewicht niedriger zu liegen als der Mittelwert des unverzogenen Bandes, welcher - wie in Erinnerung zurückgerufen sei - aus einem 50 cm (25 Messungen) langen unverzogenen Bandstück gewonnen wurde. Dies kann durch die Voreilung des Nadelfeldes gegenüber dem Einzugszylinder verursacht sein, eine Wirkung, die bei den langfaserigen Flachsbändern nicht festzustellen war.

Wie schon erwähnt, war bei den Wergbändern auf Wergstrecken ein fortschreitender Verzug unmittelbar nach Eintritt des Bandes in das Nadelfeld zu beobachten, während die Flachsbänder auf Flachsstrecken allgemein gesehen erst bei Eintritt in das zweite Drittel der Streckfeldweite von dem Verzug beeinflußt wurden. Wie auch die noch zu erläuternden Versuche an Faserbärten bestätigen, erklärt sich der Unterschied dadurch, daß die längsten Fasern im Wergband länger, diejenigen im Flachsband kürzer waren als das Streckfeld der zugehörigen Strecke.

4. Gegenüberstellung der Versuchsergebnisse mit der Faserlängenverteilung (Stapel) im Material

Da für die Verteilungscharakteristiken sowohl der Flachs- als auch der Flachswergbänder sich für jede Faserart - von praktisch geringfügigen Abweichungen abgesehen - eine einheitliche Tendenz ergab, liegt die Vermutung nahe, daß die Form der Faserverteilung eine Funktion des Faserstapels ist.

Analysiert man den Vorgang des Faserverzuges durch ein Klemmstreckwerk in einem Nadelfeld, so ergibt sich eine Parallele zu dem Verfahren der Herstellung eines Faserbartes aus einem Band, das an einer Stelle abgeklemmt und mittels eines Nadelkammes ausgekämmt wird. Es erhebt sich die Frage, ob eine Untersuchung eines derartigen Faserbartes, der - wie an anderer Stelle dieser Betrachtungen noch nachgewiesen werden wird -

eine bestimmte Darstellungsform des Faserstapels ist, bereits zu dem gesuchten Bild der Faserverteilung im Gillfeld unter dem Einfluß eines Verzuges führen kann.

Um die vorstehend aufgeworfene Frage nachzuprüfen, wurden aus den Flachs- und Flachswergbändern, die den in Abschnitt 2 u.3 beschriebenen Versuchen dienten, Faserbärte hergestellt, und zwar nach dem schon angedeuteten Verfahren, wobei das Band jeweils an einer beliebigen Stelle abgeklemmt und der überstehende Teil mittels eines Nadelkammes ausgekämmt wurde. Der erhaltene Faserbart wurde quer zur Auskämmrichtung und parallel zur Klemmlinie in 2-cm-Zonen aufgeteilt und zerschnitten. Die einzelnen Abschnitte wurden gewogen. Das Gewicht unmittelbar über der Klemmlinie verkörpert 100 % der Fasern. Der Gewichtsrückgang der anschließenden Schnittzonen stellt die Abnahme der Faserzahl nach den höheren Längenklassen zu dar. Auf diese Weise gelingt die graphische Darstellung des Faserbartes.

In der Abbildung 5 sind die Faserbärte der Flachs- und Flachswergausgangsbänder, hervorgegangen als Mittel aus 10 Einzelversuchen, dargestellt [5]. Um einen Vergleich mit den früher dargestellten Schaubildern der Faserverteilung zu ermöglichen, wurden die Faserbärte so gezeichnet, daß in Abszissenrichtung die abnehmende Faserlänge und in Ordinatenrichtung die Faserhäufigkeit - beide abnehmend - aufgetragen wurde. Die rechts oberhalb der Schaulinie gelegenen schraffierten Teile der Diagramme geben die Form der Faserbärte wieder.

Vergleichen wir nun die so gezeichneten Faserbärte mit den Abbildungen 1 - 4, in welchen die von Spinnfaktoren praktisch unbeeinflußte Faserverteilung im Gillfeld für Flachs- und Flachswergbänder dargestellt war, so drängt sich die Vorstellung auf, daß die Faserverteilungskurve (prozentuale Gewichtsabnahme der Fasermasse im Gillfeld) und die Faserbartkurve (prozentuale Gewichtsabnahme mit zunehmender Faserlänge) sich zu einem Rechteck ergänzen, dessen Basis die maximale Faserlänge und dessen Höhe 100 % Fasermasse bedeuten, wie dies die nachfolgende Skizze veranschaulicht.

---

5. Auf die tabellarische Wiedergabe der Zahlen sei verzichtet

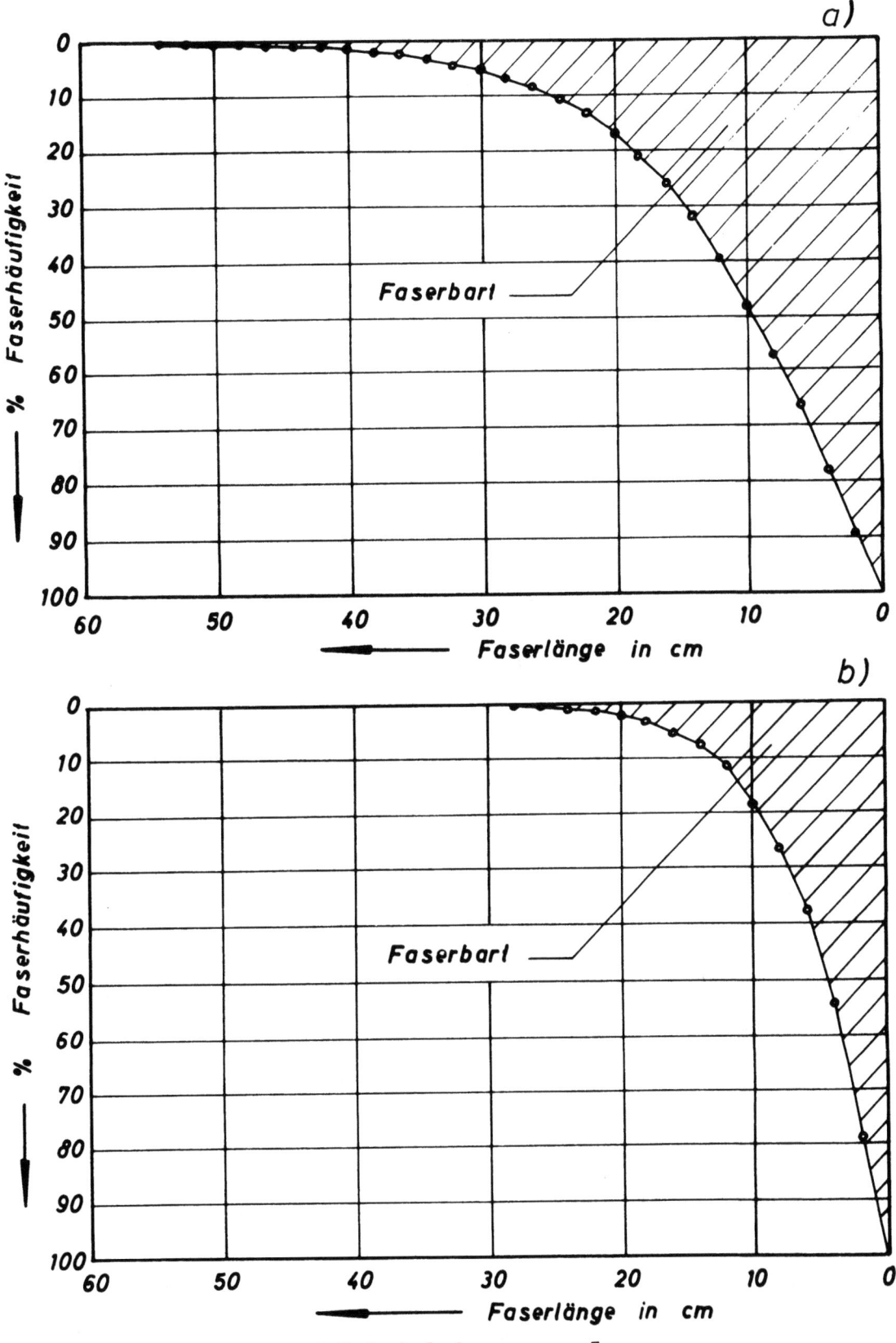

Abbildung 5

Faserlängenverteilung, Faserbärte

a) Langflachs b) Flachswerg

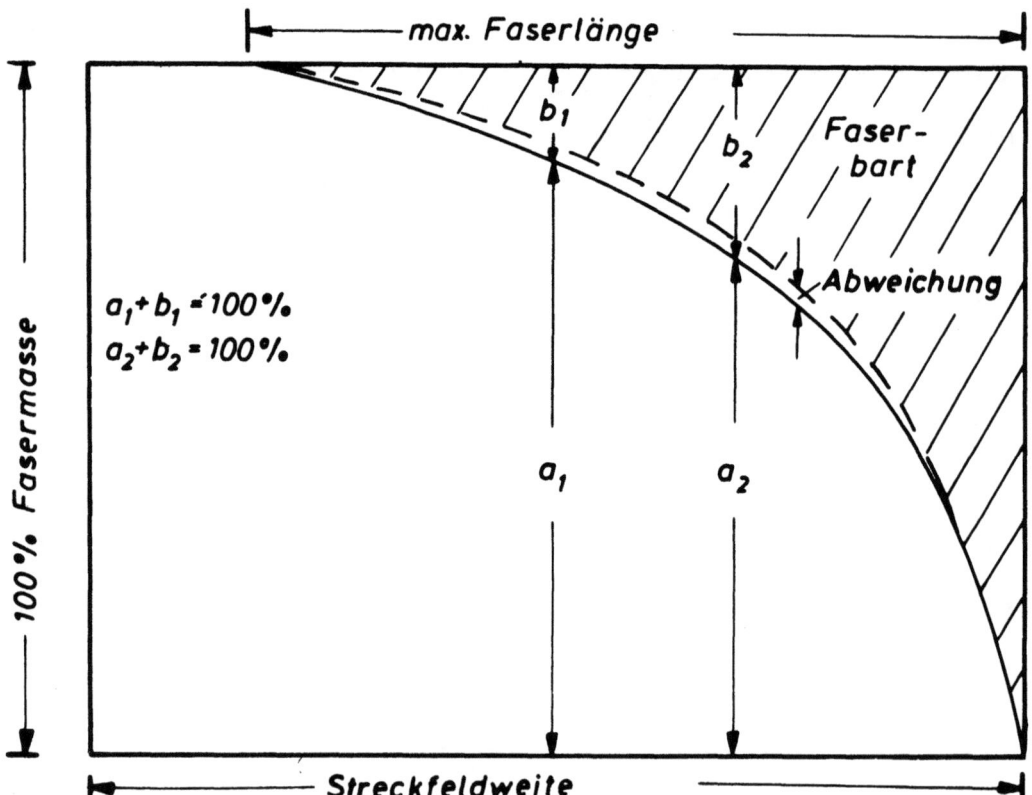

Eine genaue Überprüfung ergibt allerdings Abweichungen. Die Summation der sich entsprechenden prozentualen Werte aus Faserverteilung und Faserbart, die jeweils 100 % ergeben müßten, wenn die obige Annahme zutrifft, liefert vor allem im Bereich der mittleren Streckfeldweite bzw. der mittleren Faserlänge niedrigere Werte. Ihre Differenz wurde bei Heranziehung aller aufgenommenen Faserverteilungskurven mit max. 7 Prozentpunkten festgestellt.

Eine in der gleichen Richtung liegende Abweichung ist auch bei Betrachtung der Faserverteilungskurven und der Faserbärte aus Wergbändern erkennbar. Die charakteristische Form für Flachs bzw. für Flachswerg tritt aber wie bisher ohne Beeinträchtigung in Erscheinung.

Dies führt zu dem Schluß, daß die Hypothese der geometrischen Ergänzung von Faserverteilungskurve und Faserbart zwar zutrifft, aber gewisse Fehler in Kauf genommen werden müssen, die ihre Ursache in dem Prinzip der Faserbartherstellung - Auskämmen der Fasern mittels eines Gillkammes - haben dürfte.

Mit dieser Einschränkung kann damit zunächst experimentell der Nachweis erbracht gelten, daß die untersuchte Faserverteilung im Nadelfeld einer Strecke unter der Wirkung eines Verzuges praktisch abhängig ist von der Faserlängenverteilung (Stapel, Faserbart) des verarbeiteten Materials.

Immerhin verlangen die aufgetretenen Abweichungen, daß die Zusammenhänge zwischen Faserstapel und Verzugseinfluß in einer umfassenderen gedanklichen Betrachtung noch abschließend behandelt werden.

5. Zusammenhänge zwischen Faserstapel und Faserverteilung unter Einfluß eines Verzuges

Die Verhältnisse der Faserverteilung in Faserbändern werden zunächst unter der vereinfachenden Voraussetzung, daß das Faserband aus gleichlangen Fasern bestehen und eine ideale Faserendenverteilung aufweisen möge, besonders deutlich. Ein abgeklemmtes Band dieser Art, bei dem alle freien Faser herausgestrichen sind, liefert bekanntlich einen Faserbart, der die Form eines Dreiecks hat, wobei die Höhe dieses Dreiecks durch die Länge der am weitesten herausreichenden, noch eben durch die Klemmlinie erfaßten Faser gegeben ist. Die Dreiecksgrundlinie charakterisiert die Faserzahl der eingeklemmten Fasern.

Während also der Faserstapel unter der Voraussetzung, daß nur gleichlange Fasern existieren, ein genaues Rechteck ausmacht, ist sein zugehöriger Faserbart das über der Grundlinie dieses Rechtecks aufgetragene Dreieck.

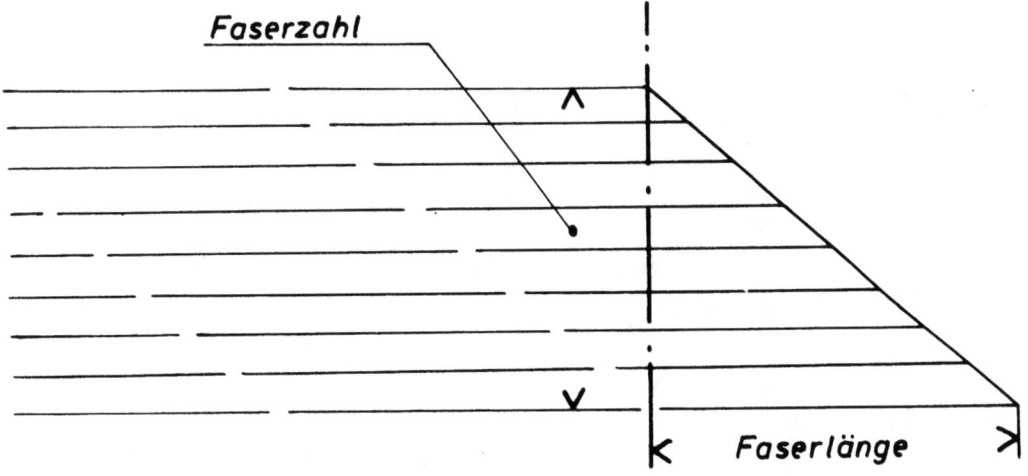

Die Übertragung dieser einfachen Verhältnisse auf ein Material mit unterschiedlichen Faserlängen ist möglich, wenn wir den Faserstapel - in Abbildung 6a gestrichelt gezeichnet - in bekannter Weise durch ein Stufenschaubild ersetzen, in dem die einzelnen Rechtecke die zu abgestuften Längenklassen gehörigen Fasern repräsentieren. Diese Fasern haben jeweils einen rechteckigen Idealstapel und liefern für sich betrachtet einen dreiackigen Faserbart. Damit ergibt die Überführung des

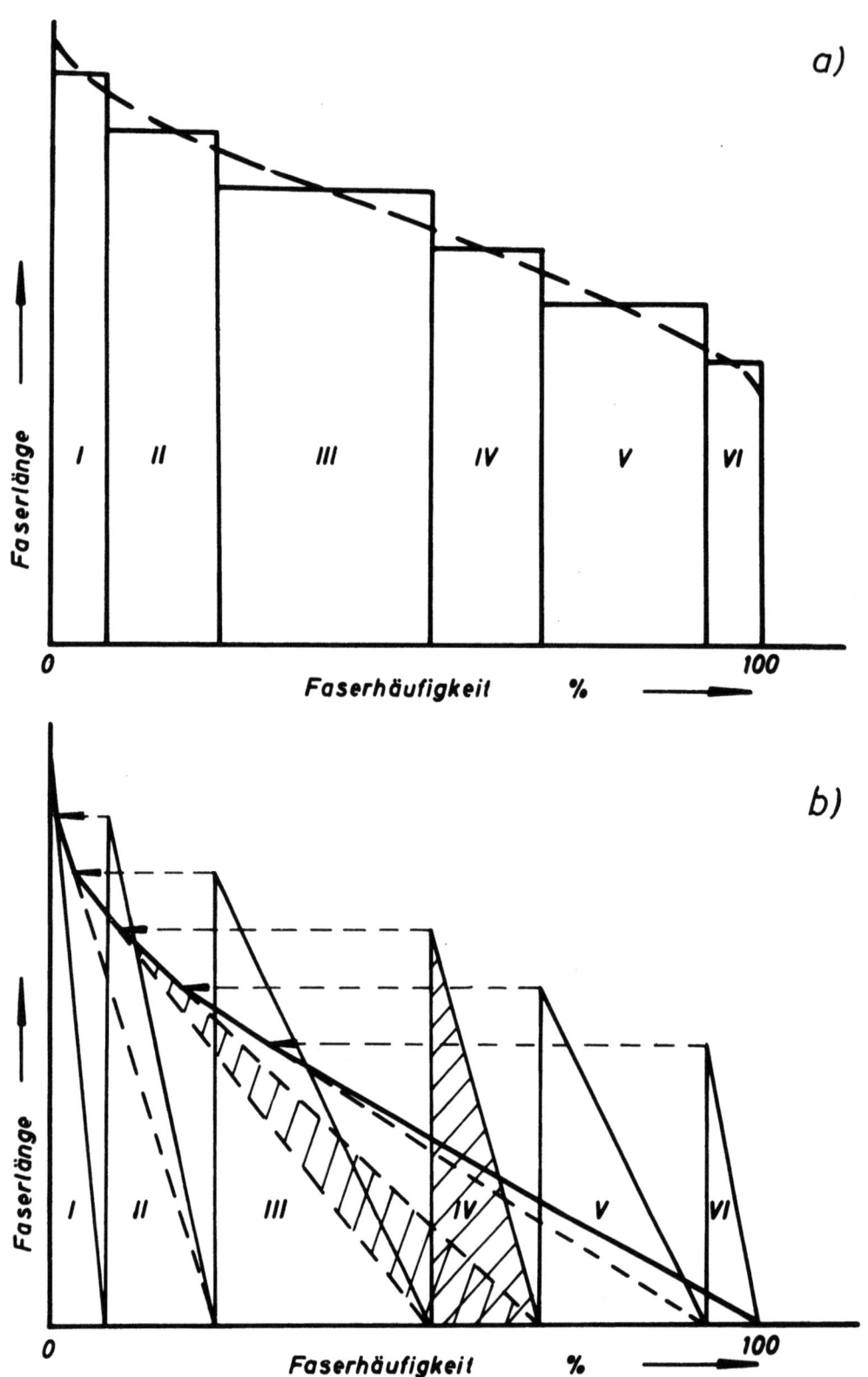

Abbildung 6
Ableitung des Faserbartes
aus einem Faserstapel

tatsächlichen Stapels in ein beliebig unterteiltes Stufendiagramm eine Vereinfachung der Konstruktion des zugehörigen Faserbartbildes, wie dies in Abbildung 5B2 gezeigt ist.

Allerdings weist diese Darstellung zunächst für die Deutung des aus den verschiedenen Teilfaserbärten sich zusammensetzenden Bartes einen Schönheitsfehler auf, denn die Faserbärte I - VI stehen jetzt in der Abbildung 6b jeder für sich. Durch seitliche Verschiebung der Dreieckspitzen bei Beibehaltung der Grundlinien und somit ohne Veränderung der Flächeninhalte - worauf es natürlich ankommt - können die Faserbartdreiecke in eine zusammenhängende Fläche des Faserbartes überführt werden. Es ist weiter zulässig, den als Begrenzung dieser Fläche entstandenen Polygonzug durch eine kontinuierlich verlaufende Hüllkurve zu ersetzen. Diese Faserbartkurve entspricht wiederum der gestrichelt gezeichneten Stapelkurve in der Abbildung 6a, die den beschriebenen Vorgang anschaulich macht [6].

Nunmehr sei ein aus gleichlangen Fasern bestehendes Faserband unter Einwirkung eines Verzuges betrachtet, wobei auf Abbildung 7 verwiesen sei, in der das einlaufende und das verzogene Band in ihrer Stärke dargestellt sind.

Zur Erleichterung der Vorstellung sei an die gemachte Annahme erinnert, daß die Fasern ihren Enden nach ideal verteilt sind und somit im Band eine Lage aufweisen, die sich im obersten Bild aus dem Parallelogramm mit der waagrechten Seitenlänge l (= Faserlänge) ergibt. Dieses Parallelogramm denken wir uns zur weiteren Vereinfachung unterteilt in die Faserbündel 1 - 5 [7].

Jeweils da, wo ein Faserbündel endet, legt sich oberhalb ein neues Faserbündel entsprechend der Schrägstaffelung an und hinter dem erstgenannten Bündel wiederum ein anderes, das um die Länge der Fasern nach hinten versetzt ist. An einer beliebigen Stelle soll die Klemmlinie der Abzugswalzen liegen, die im Bild durch eine strichpunktierte Linie angedeutet

---

6. Der durch die Anwendung der Stufendarstellung bei Faserstapel und Faserbart begangene Fehler kann als gering angesehen werden

7. Eckpunkt A liegt senkrecht über Eckpunkt B. Die Unterteilung in einzelne Bündel geschieht zweckmäßigerweise je nach dem Verzug; also 5 Bündel bei 5-fachem Verzug

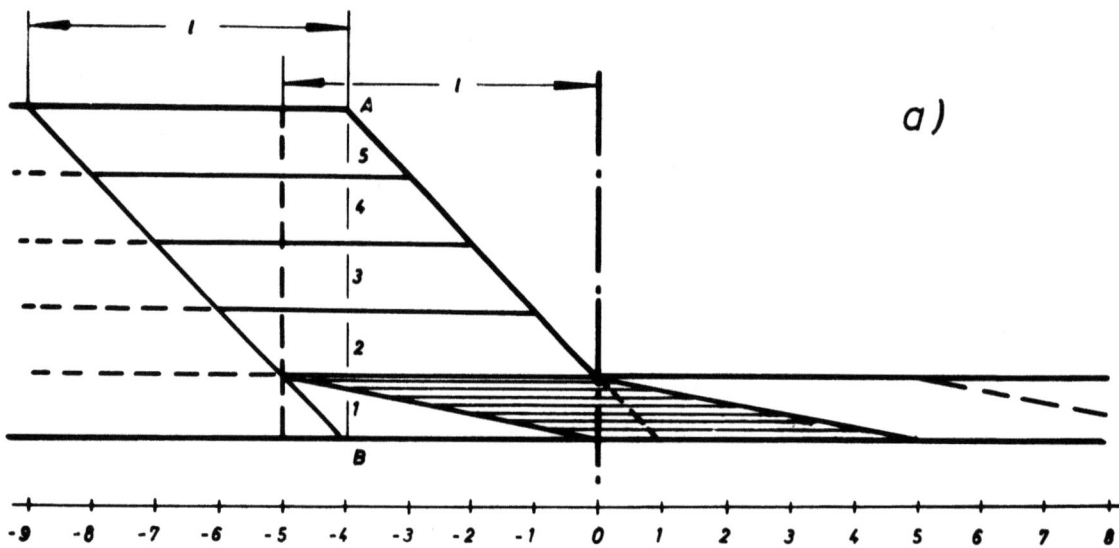
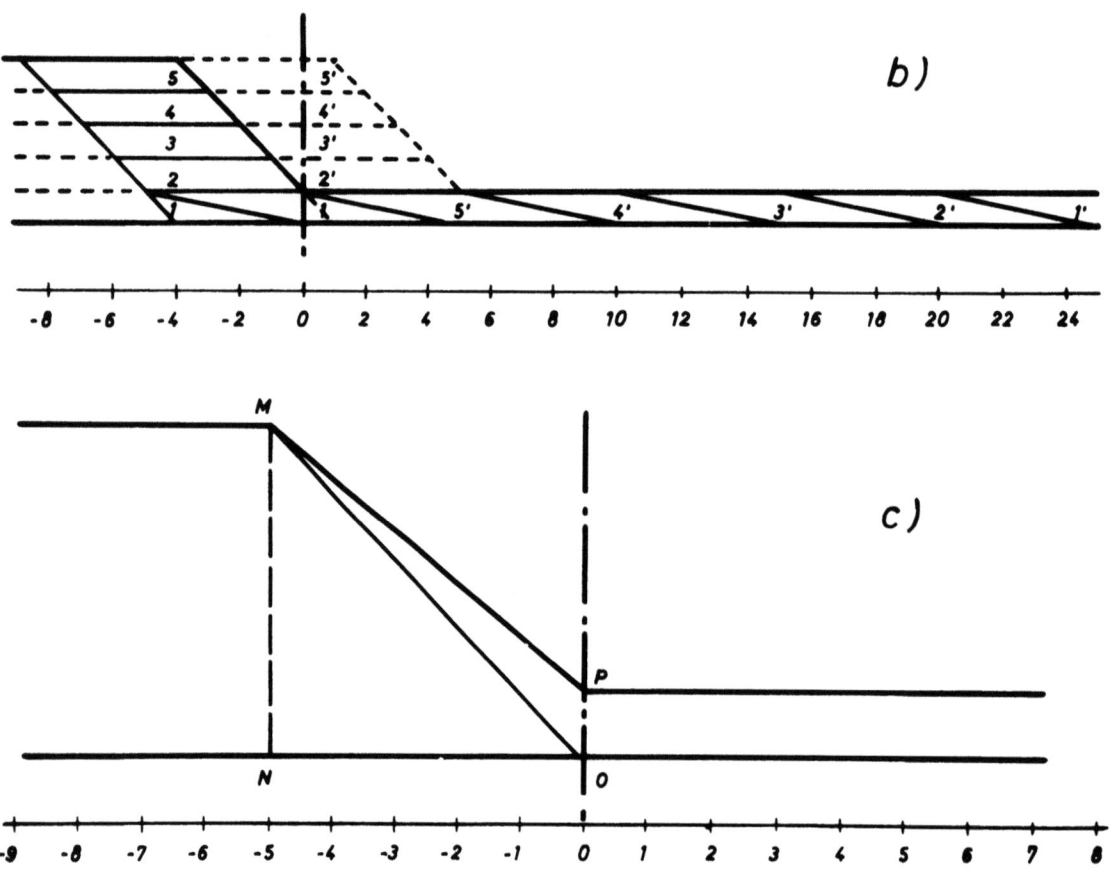

Abbildung 7
Faserverteilung unter Einfluß eines Verzuges
(gleichlange Fasern)

ist. In unserem Beispiel seien Faser- und Stapellänge mit 5 Längeneinheiten und der Verzug mit V = 5 angenommen.

Wird nun das einlaufende, aus gleichmäßig angeordneten Faserbündeln 1-5 bestehende Faserband an die Verzugsklemmlinie herangeführt, so werden die Fasern des untersten, am weitesten nach vorn gerichteten Faserbündels 1 nacheinander von der 5mal höheren Geschwindigkeit der Ablieferwalzen derart erfaßt und verstreckt, daß die am weitesten in Ablaufrichtung vorgeschobene Ecke des Faserbündels, die vorher - angenommen - mit einer Wegeinheit pro Zeiteinheit vorwärts eilte, nach Ablauf der Zeiteinheit den 5-fachen Weg zurücklegt und die Marke 5 des Maßstabes erreicht haben wird. Das ursprüngliche Parallelogramm des Faserbündels 1 wird in Bewegungsrichtung der Fasern in die Länge gestreckt. Innerhalb des Faserbündels 1 wird in Bewegungsrichtung der Fasern in die Länge gestreckt. Innerhalb des Faserbündels ist also eine Verschiebung der Einzelfasern vonstatten gegangen. War ursprünglich eine Gesamtstaffelung um je eine Längeneinheit vorhanden, beträgt sie nunmehr 5 Einheiten. Es sei hier vorweggenommen, daß die Faserlänge als solche auf die Faserendenverschiebung keinen Einfluß nimmt.

Unter der Voraussetzung, daß alle Faserbündel äquivalent aufgebaut sind, d.h. bei jeweils gleicher Faserzahl dieselbe Schrägstaffelung der Faserenden besitzen, wird nach erfolgtem Verzug des ersten Bündels sich unter den gleichen Verhältnissen der Verzug des Faserbündels 2 vollziehen. Analog werden sich beim Übergang vom 2. zum 3., zum 4. und so fort, die gleichen Vorgänge wiederholen.

In der Abbildung 7 b ist - der Raumeinteilung halber im Maßstab 1:2 - für denselben Verzugsfall (Faserlänge: 5 Einheiten, Verzug: 5-fach) [8] die Faserverteilung noch einmal aufgetragen, und zwar derart, daß eine Beziehung zwischen der Lage der ehemals einlaufenden Faserbündel und ihrer Lage im verstreckten Band gezeigt ist. Auch hier ist die Verzugsklemmlinie als strichpunktierte Gerade zu erkennen. Die gestrichelt gezeichneten Parallelogramme kennzeichnen die ursprünglichen Faserbündel 1'-5'. Sie finden sich im verstreckten Band als in der Form veränderte,

---

8. Daß Verzug und Faserlänge der Zahl nach gleich groß gewählt worden sind, ist rein zufällig und keineswegs Voraussetzung für die hier vorgenommene Ableitung

ausgezogen gezeichnete Parallelogramme 1'-5' wieder. Die Endenanordnung der Fasern in den Bündeln ist entsprechend der Verzugshöhe um das 5-fache in Richtung der Faserbewegung verschoben.

Gehen wir wieder zurück zu der Grunddarstellung des Verzuges in Abbildung 7a. Das zu unterst liegende, am weitesten nach rechts vorgeschobene Faserbündel 1 war unter den Einfluß des Verzuges geraten und wurde in eine andere Flächenform übergeführt. Es entstand im Bereich des einlaufenden Bandes eine Fehlfläche an Fasern, die im Bild als der nicht schraffierte Teil des Faserbündels 1 erscheint. Es tritt also an der Stelle, wo ein Faserbündel zum Verzug gelangt, eine Verlagerung an Faserzahl bzw. Fasermasse dergestalt ein, daß im einlaufenden Band ein Verlust entsteht. Dieser Verzugseinfluß ist von der Klemmlinie an (strichpunktierte Senkrechte) im Bereich der Faserlänge l nach rückwärts hin (bis zur gestrichelten Senkrechten) wirksam.

Werden in diesem Bereich für jede Stelle von 0 bis -5 die vorhandenen Faserzahlen in allen Bündeln aufaddiert, so ergibt sich eine Faserverteilung innerhalb der Verzugseinflußzone, wie sie in Abbildung 7c durch die Fläche M N O P dargestellt ist. Davon repräsentiert das Dreieck M O P in seinem flächenmäßigen Anteil die Anzahl der bereits durch den Verzug beschleunigten Fasern, die in Abbildung 7c als schraffiertes rechtwinkeliges Dreieck innerhalb der Verzugszone erschienen. Die Fläche M N O verkörpert demnach die Anzahl der von dem Verzug noch nicht erfaßten Fasern im einlaufenden Band innerhalb der Verzugszone. Die Linie M P - in unserem Fall gleichlanger Fasern eine Gerade - gibt den Verlauf der Faserverteilung in dem vom Verzug beeinflußten Bandstück wieder.

Wir wissen bereits, daß Dreiecke mit der Höhe der Faserlänge - dies trifft für die beiden Dreiecke M N O und M O P zu - stets den Faserbart eines Bandes mit gleichlangen Fasern darstellen. Tatsächlich erkennen wir das Dreieck M N O als den Faserbart des einlaufenden, das Dreieck M O P - wenn auch in verschobener Lage, d.h. nicht rechtwinkelig - als den Faserbart des verstreckten Bandes. Es sind somit die Faserbärte des Bandes vor und nach dem Verzug für die Ausbildung der Faserverteilung charakteristisch.

Die vorgenommene Betrachtung, für die wir das Beispiel mit l=5 und V=5 gewählt haben, hat natürlich Allgemeingültigkeit für beliebige Werte der konstanten Faserlänge und ebenso für jede Variation der Verzugshöhe.

Interessant wird das Studium der Verzugsvorgänge, d.h. der Faserverteilung in der Verzugszone, wenn es sich nicht um ein einheitlich langes Fasermaterial handelt, sondern das Fasergut einen beliebig geformten Stapel aufweist. Wie in Abbildung 8a dargestellt, erscheint hierbei zunächst die Betrachtung der Verzugsvorgänge recht schwierig. Ein wesentliches Hilfsmittel bietet hierzu die gewonnene Erkenntnis, daß die Faserbärte des Einzugs- bzw. des verzogenen Bandes für die Faserverteilung kennzeichnend sind.

Erinnert sei an die Abbildung 6, in der gezeigt wurde, daß ein Faserstapel als eine Summation von Teilstapeln mit jeweils einheitlicher Faserlänge aufgefaßt werden kann, was auch für die zugehörigen Faserbärte galt.

Auch an dieser Stelle unserer Überlegungen können wir das jetzt betrachtete Faserband zerlegt denken in Zonen unter sich gleicher Faserlänge. Dies bedeutet das gleiche, als wenn wir uns das Band dubliert vorstellen aus Teilbändern mit Fasern in sich einheitlicher Länge (vergl. hierzu Abb. 6a). In diesem Fall sind 4 verschiedene Faserlängenklassen mit jeweils verschieden großer Häufigkeit und ein 2-facher Verzug angenommen. Die Voraussetzung einer idealen Verteilung der Faserenden muß weiterhin aufrechterhalten bleiben.

Unter dieser Voraussetzung ergeben sich für jedes ideale Teilfaserband I - IV unter Einwirkung des Verzuges Verhältnisse, wie sie vorstehend erläutert wurden. Für jedes dieser Bänder bildet sich gemäß Abbildung 8b die charakteristische Trapezfläche M N O P, zusammengesetzt aus den Faserbärten M N O (Einlaufband) und M O P (verzogenes Band). Erfolgt nunmehr die Addition der in den einzelnen Verzugszonen durch die Linien M P über den Grundlinien N O repräsentierten Faserzahlen, so ergibt sich der in Abbildung 8c dick ausgezogene Linienzug $M_m P_m$. <u>Die Fläche $M_m N_m O_m P_m$ kennzeichnet also die nach der Verzugsklemmlinie hin abnehmende Masse der Fasern.</u> Es kann auch der Anteil der in der Verzugszone ruhenden bzw. der bereits bewegten Fasern festgelgt werden, indem die durch die Linie M O über den Grundlinien N O gekennzeichneten Faserhäufigkeiten addiert werden. Aus dieser Summation ergibt sich die gestrichelte Linie $M_m O_m$, die über der Grundlinie $N_m O_m$ die Anzahl der ruhenden Fasern darstellt, während die Fläche $M_m O_m P_m$ die bewegten Fasern repräsentiert.

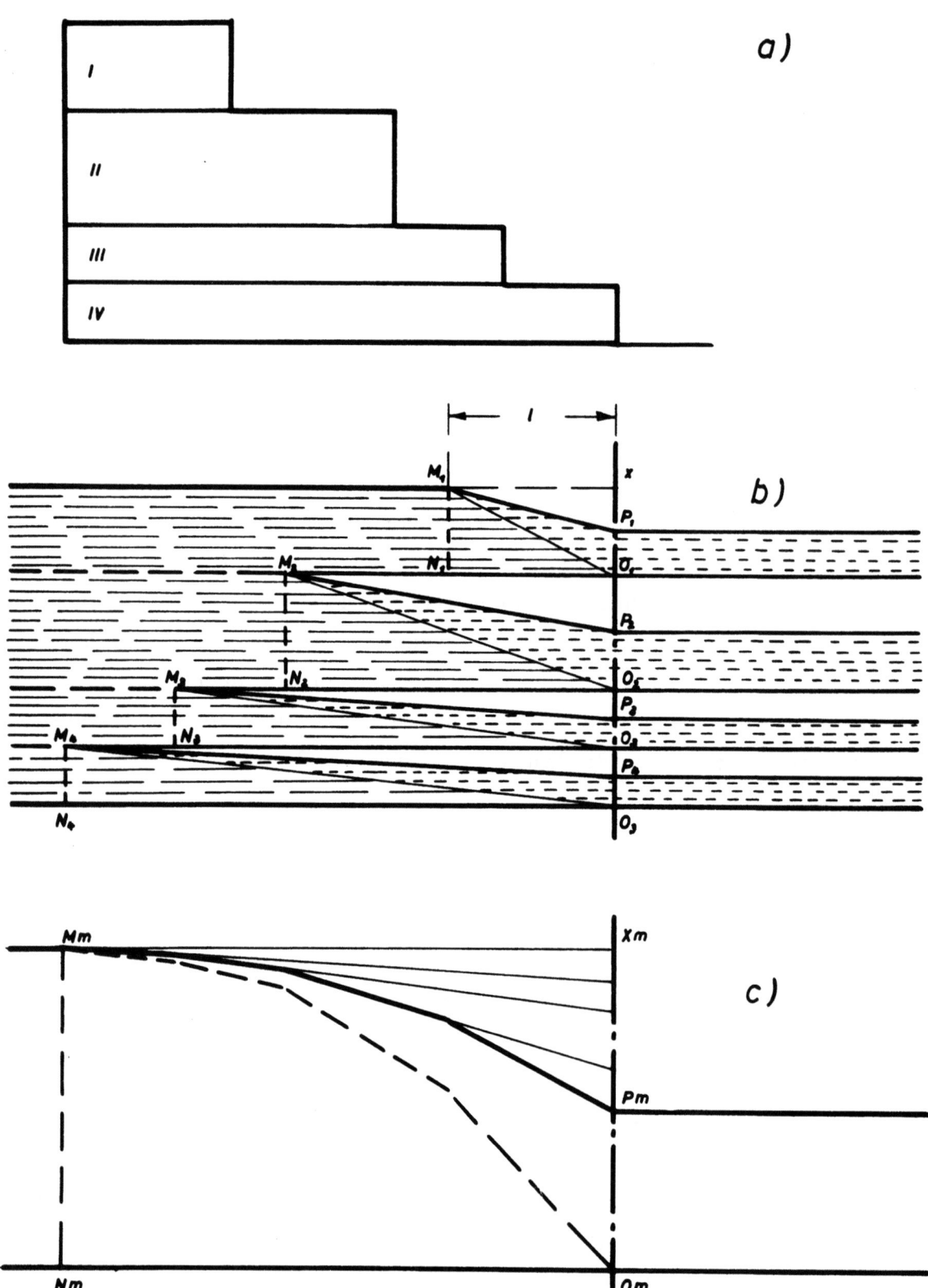

Abbildung 8
Faserverteilung unter Einfluß eines Verzuges
(ungleichlange Fasern)

Der späteren Analyse halber lohnt es sich, den Weg zu überlegen, wie die Konstruktion dieser Flächen am günstigsten vorgenommen werden kann. Es ergibt sich, daß es einfacher ist, die zum Rechteck fehlende Fläche $M_m P_m X_m$ darzustellen. Sie setzt sich zusammen aus der Flächenaddition des Dreiecks M P X im Teilband I und der analogen Dreiecke der Bänder II, III und IV. Da aber diese Dreiecke Faserbärte von Bändern solcher Stärken darstellen, um die durch den Verzug die Teilbänder verringert worden sind (Differenz zwischen Einlauf und Ablauf), bildet auch die Fläche $M_m P_m X_m$ den fiktiven Faserbart eines Bandes, dessen Stärke der Differenz des einlaufenden und des verzogenen Gespinstbandes entspricht. Auf dem gleichen Weg kann auch die Teillinie $M_m O_m$ zwischen dem ruhenden und bewegten Faseranteil konstruiert werden. Sie ist die Umrißlinie für den Faserbart des Einlaufbandes über der Basis $X_m O_m$.

Der zweckmäßige Weg der geometrischen Konstruktion führt zu dem Schluß, daß die Darstellung der Faserverteilung unter dem Einfluß eines Verzuges möglich ist, wenn der fiktive Faserbart des "verschwundenen" Bandes bekannt ist. Eine Überlegung ergibt aber, daß bei einem Fasermaterial, dessen Stapel durch einen Verzug nicht beeinflußt wird, der Faserbart prozentual gesehen von der Stärke des Bandes unabhängig ist. Die Faserbärte des unverzogenen, des verzogenen und des "Differenz"-Bandes sind in diesem Falle deckungsgleich. Falls also auch die Faserverteilung lediglich prozentual interessiert - dies ist stets der Fall; vergl. auch unsere Untersuchungen in Abschnitt 2 und 3 -, so <u>genügt</u> also die Kenntnis des Faserstapels oder <u>die Herstellung eines Faserbartes</u> aus einlaufendem oder verzogenem Band, <u>um die prozentuale Faserverteilung im Streckfeld konstruktiv darzustellen</u>. Hierbei bedient man sich zweckmäßigerweise der beschriebenen Schneide- und Wägemethode. Die Flächen des Faserbartes und der Faserverteilung im Streckfeld, in beiden Fällen prozentual aufgetragen und bei der Faserverteilung bezogen auf die Gewichtsdifferenz zwischen Einlauf- und Ablaufband, ergänzen sich in einem Diagramm - wie in der Skizze auf S.26 gezeigt - zu einem Rechteck mit einer Basis gleich der maximalen Faserlänge und einer Höhe gleich 100 %.

6. Praktische Einschränkungen und Nutzanwendung für Verzugsregelung

Nun ist es erforderlich, sich kritisch mit den Annahmen zu befassen, die wir zur Vereinfachung der Überlegungen und Darstellungen gemacht haben. Es waren dies: Ideale Verteilung der Faserenden im Band, konstante Faserfeinheit und durch einen Verzug unveränderlicher Faserstapel. Keine dieser Voraussetzungen trifft für eine Naturfaser, vor allem nicht für Bastfasern, zu.

Die Annahme der idealen Faserendenverteilung ist eine praktisch nicht erfüllbare Voraussetzung.

Bei der Konstruktion des prozentualen Faserbarts durch Schneiden und Wägen wird ein Fehler begangen, denn es besteht bekanntlich bei technischen Bastfasern eine Abhängigkeit zwischen Faserlänge und Faserdicke. Somit erfolgt anzahlmäßig eine Überschätzung der langen Fasern zum Nachteil der kurzen. Im weiteren bleibt zu berücksichtigen, daß bei der Herstellung eines Faserbartes aus technischen Bastfasern mittels eines Nadelkammes durch die auftretenden Hechelbeanspruchungen stets eine Beeinträchtigung des tatsächlichen Stapels eintreten muß.

Der Faserstapel verändert sich bei der Bastfaserverarbeitung von einer Streckpassage zur anderen.

Die erstgenannte Einschränkung ist am ehesten zu entkräften, in dem alle Untersuchungen in vielfacher Wiederholung vorgenommen und die Ergebnisse gemittelt werden. Die Veränderlichkeit des Stapels kann dadurch berücksichtigt werden, daß für die Beurteilung der Faserverteilung im Nadelfeld der Bastfaserstrecke der Faserbart des Einzugsbandes herangezogen wird. Die vorhandene Abhängigkeit zwischen Faserlänge und Faserfeinheit läßt streng genommen für die Bastfasern Abweichungen von den vorstehend festgehaltenen Zusammenhängen erwarten. Es sei auf die in Abschnitt 4 beschriebenen und in der Skizze auf Seite 26 angedeuteten Abweichungen zwischen den Bildern der Faserverteilung verwiesen, die einmal durch praktische Untersuchungen der Bastfasermasse im Nadelfeld, das andere Mal nach der Methode der Faserbartbestimmung erhalten wurden. Inwieweit diese Abweichungen, die in ihrer maximalen Größe bereits gekennzeichnet wurden, noch zulässig erachtet werden, um die praktische Anwendung des Faserbartverfahrens zur Bestimmung der Faserverteilung anwendbar erscheinen zu lassen, mag je nach dem Ziel der jeweiligen Untersuchungen beurteilt werden.

Bekanntlich wurden die Untersuchungen der Faserverteilung im Nadelfeld der Bastfaserstrecken unternommen, um Hinweise für die zweckmäßige Handhabung einer zur Verbesserung der Bandgleichmäßigkeit vorzusehenden Regelung des Verzuges zu erhalten. In diesem Zusammenhang wurden verschiedene spinntechnische Faktoren auf ihren Einfluß hin untersucht. Wie in Abschnitt 3 dieses Berichts nachgewiesen wurde, sind diese Einflüsse ohne praktische Bedeutung und nur die Längeneigenschaften des Fasergutes ausschlaggebend. Daraus ergab sich die Folgerung, daß die Faserverteilung im Nadelfeld sich aus der Stapellinie bzw. dem Faserbart des versponnenen Materials ergibt. Sie führt letztlich zu der einfachen Feststellung, daß der Zeitpunkt einer Verzugsregelung dann einzusetzen hat, wenn die vom Mittel abweichende Stelle des Bandquerschnittes von der Verzugsklemmlinie gerade um die mittlere Faserlänge entfernt ist. Dabei ergibt sich, ausgehend von der Annahme, daß sich in allen Bandquerschnitten dem Stapel entsprechend lange und kurze Fasern im gleichen Verhältnis befinden, ein Optimum der Wirkung in Bezug auf die Vergleichmäßigung der in der Stärke abweichenden Bandstelle, da zu diesem Zeitpunkt ein Maximum an Fasern dieser Stelle von dem korrigierten Verzug erfaßt werden. Eine vollständige Vergleichmäßigung kann nur bei einem idealen Stapel erreicht werden; je ungleichmäßiger desto geringer die Möglichkeit einer vollkommenen Korrektur.

Wir hatten gezeigt, daß bei der Herstellung des Faserbartes aus technischen Bastfasern eine unfreiwillige Verkürzung der Faserlängen eintritt. Diese führte zu gewissen Abweichungen bei Anwendung der Faserbartmethode zur Feststellung der Faserverteilung im Nadelfeld. Es kann sich gegebenenfalls also bei der Ermittlung des günstigen Zeitpunktes für die einzusetzende Verzugsänderung je nach mittlerer Faserlänge hier eine durch praktische Versuche zu ermittelnde Korrektur notwendig erweisen.

7. Zusammenfassung

Der vorstehende Bericht enthält die <u>Ergebnisse der Faserverteilungsuntersuchungen an Langflachs- und Flachswergbändern</u> in Nadelstabstreckfeldern (3. bzw. 2. Streckenpassage) <u>unter Einfluß eines Verzuges.</u>

Es wurde die <u>Auswirkung der Verzugshöhe</u> (für Flachs: 8, 12, 16; für Werg; 4, 6, 8fach), der <u>Gill- und Konduktorbelastung</u> (für Flachs: 200-800, für Werg: 400-800 g je 1000 m u. 1 cm Breite) sowie der <u>Abliefergeschwin-</u>

digkeit (für Flachs: 16,5 und 23,5 m/min) auf die Faserverteilung nach dem Verfahren des Schneidens und Wägens gleichlanger Bandstücke untersucht. Gleichfalls wurde ein Wergband mit 8-fachem Verzug auf einer Flachsstrecke verzogen und die Ergebnisse der Untersuchungen denen auf einer Wergstrecke gegenübergestellt. Es stellte sich heraus, daß die bei prozentualer Darstellung der Fasermassenverteilung auftretenden Differenzen bei allen Variationen in praktisch vernachlässigbaren Grenzen blieben.

Die Faserverteilung konnte als Funktion des Faserstapels bzw. des daraus abzuleitenden Faserbartes gedeutet werden.

Die experimentellen Untersuchungsergebnisse werden ergänzt durch Gedankengänge über die zwangsläufige Verteilung der Fasern in einem Streckfeld. Es wird die Ableitung der jeweils für einen Faserstapel charakteristischen Faserverteilungskurve aufgezeigt. Danach genügt zur konstruktiven Darstellung der prozentualen Faserverteilung im Streckfeld die Kenntnis des Faserstapels bzw. das praktisch leicht zu erfassende Bild des Faserbartes.

Abschließend wird auf Folgerungen eingegangen, die bei der Durchführung einer Verzugsregelung ungleichmäßiger Bastfaserbänder von Bedeutung sind.

Anhang

Verzug von Bändern mit wechselnder Faserlängenverteilung

In Abschnitt 5 dieses Berichtes wurde der Zusammenhang zwischen Faserbart und Faserlängenverteilung unter Einfluß des Verzuges behandelt. Dabei wurde von der Voraussetzung ausgegangen, daß an allen Stellen des zum Verzug gelangenden Bandes die gleiche Faserlängenverteilung vorherrscht. Wenn überdies alle Fasern den gleichen Querschnitt aufweisen, resultiert daraus, daß das Band die Ungleichmäßigkeit 0 besitzt oder - anders ausgedrückt - vollkommen gleichmäßig ist. Wird von der Annahme, daß sich in allen Bandquerschnitten stets die gleichen prozentualen Anteile verschieden langer Fasern befinden, abgewichen, so ergeben sich Verzugsverhältnisse, wie sie in den Abbildungen 9 und 10 dargestellt und nachstehend erläutert sind.

Zwar besitzen hier die einlaufenden Faserbänder in allen Querschnitten die gleiche Faserzahl, jedoch wechseln die Faserlängen innerhalb verschiedener Bandabschnitte. Während zunächst nur längere Fasern in die Verzugseinflußzone gelangen, folgen im Anschluß daran kürzere Fasern. In der Abbildung 9b sind ähnlich wie in Abbildung 7 aus Abschnitt 5 die Zuordnungsverhältnisse der Faserpakete im einlaufenden und 3-fach verstreckten Band aufgezeichnet. Wird dabei folgerichtig die Lage der Faserbündel nach stattgefundenem Verzug aufgetragen, so zeigt sich, daß beim Übergang von langen zu kurzen Fasern ein in der Abbildung 9b anschaulich gemachter "Fehlraum" an Fasergut auftritt, der zu einer Schwächung des verstreckten Faserbandes führt (vergl. 9c).

Diese Erscheinung ist dadurch zu deuten, daß beim Übergang von einer Faserlänge zur anderen - in diesem Fall von langen zu kurzen Fasern - eine Störung im Rythmus der Faserendenbewegung eintritt, die zu der erwähnten Fehlstelle führt. Dann geht die Faserbewegung wieder kontinuierlich vonstatten. Analog wird sich wiederum eine Störung einstellen, wenn ein Wechsel in der Faserlänge von kurz zu lang erfolgt, hier allerdings im umgekehrten Sinn, d.h. daß sich statt der "Fehlstelle" eine dicke Stelle im verstreckten Band ergibt.

Es läßt sich also eine Gesetzmäßigkeit ableiten, die besagt, daß jedesmal dann eine Unregelmäßigkeitsstelle in dem verzogenen Band auftritt, wenn das einlaufende Band nicht in allen Querschnitten prozentual gesehen die gleiche Faserlängenverteilung aufweist. Folgen kurze Fasern langen, so tritt eine Verfeinerung ein; folgen lange auf kurze Fasern, so bildet sich eine Verdichtung aus. Ein der Masse nach gleichmäßiges Faserband wird also lediglich infolge einer unregelmäßigen Faserlängenverteilung durch den Verzug in ein ungleichmäßiges überführt.

Während in Abbildung 9 die Fasern unterschiedlicher Länge systematisch angeordnet waren, zeigt die folgende Abbildung 10 eine willkürliche Folge der Faserlängengruppen. Die entstehenden "Fehlräume" im verzogenen Band sind in Abbildung 10b ebenso zu erkennen wie auch die stellenweise auftretende Häufung der Faserpakete. In Abbildung 10c sind die resultierenden Ungleichmäßigkeiten des vorgezogenen Bandes zu erkennen, die soweit gehen, daß bei dem Querschnitt A - A der in diesem Fall zweifach angenommene Verzug völlig aufgehoben worden ist.

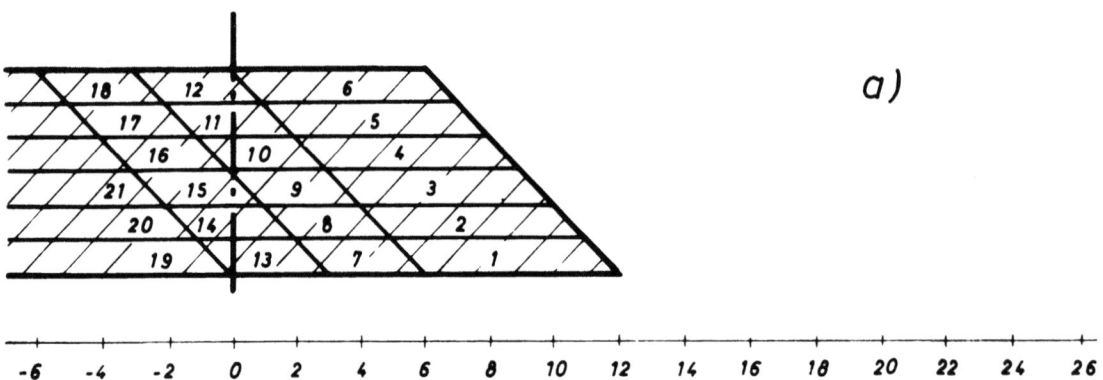

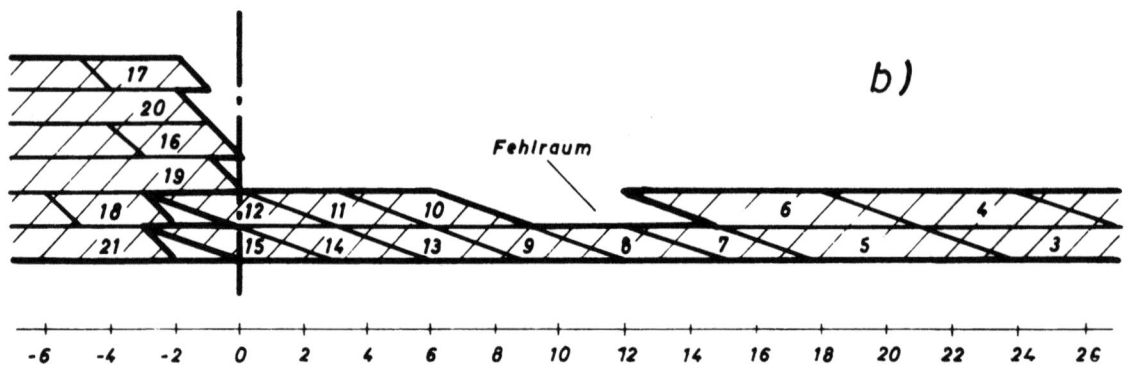

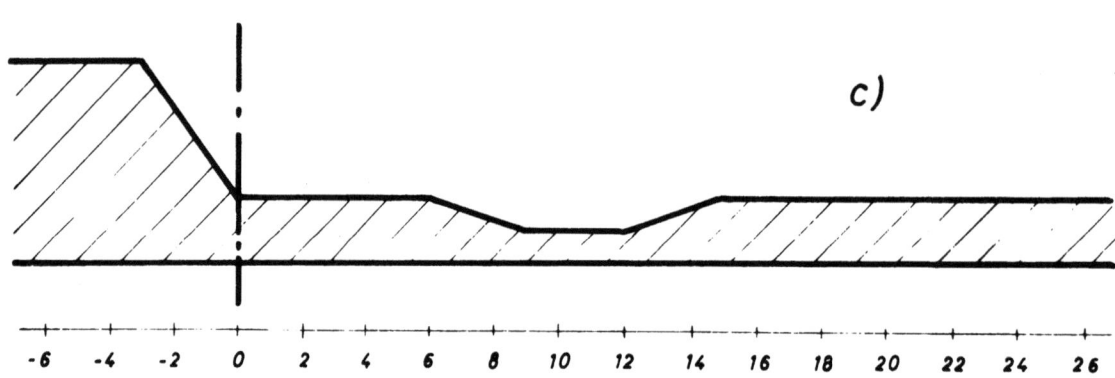

Abbildung 9
Verzug von Bändern mit wechselnder Faserlänge

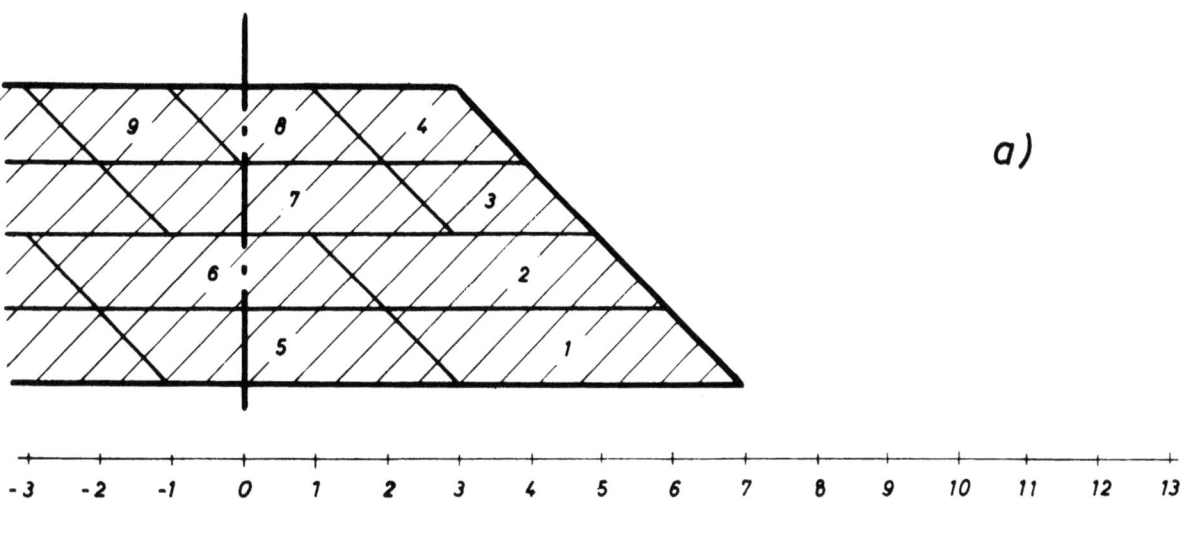
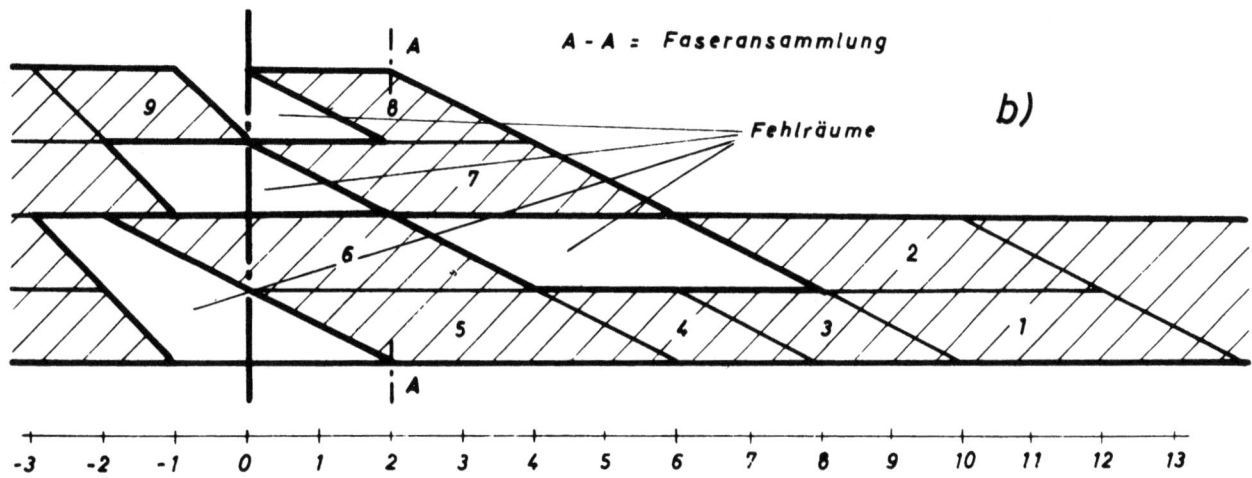
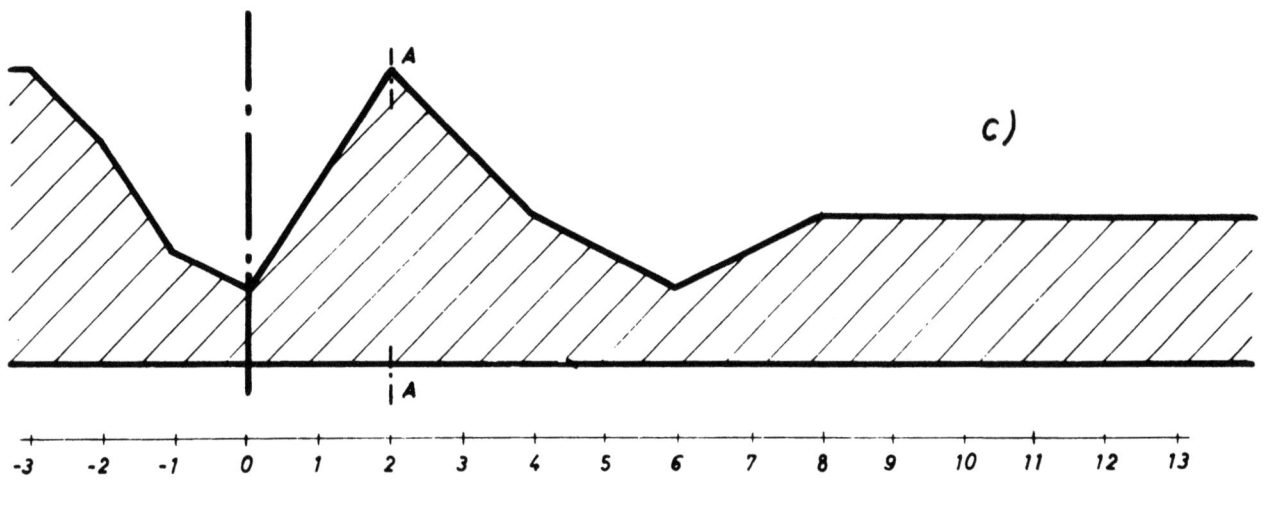

Abbildung 10

Verzug von Bändern mit wechselnder Faserlänge

Die sich aus dieser Erkenntnis ergebende wichtige Folgerung ist die, daß es bei der Verspinnung eines Fasergutes, insbesondere bei Gespinsten mit zwei oder mehr Faserstoffkomponenten, sehr darauf ankommt, für eine gute Durchmischung des gesamten Materials Sorge zu tragen, da andernfalls durch den Verzugsprozeß zusätzliche Ungleichmäßigkeiten des Faserbandes hervorgerufen werden.

Für die Bastfaserspinnerei, insbesondere für die Wergspinnerei, bedeutet dies, daß es bei der Zusammenstellung von Mischungen günstiger ist, wenn die Fasersstoffkomponenten einzeln aufbereitet werden und die Mischung selbst später erst an der Strecke vorgenommen wird. In der Karde können Faserstauungen - besonders von kurzem Fasermaterial - auftreten, die in mehr oder weniger periodischen Abständen ausgestoßen werden. Dies führt, wie gezeigt wurde, zwangsläufig zu Verzugsstörungen, die sich um so krasser auswirken, je ungleichmäßiger im Stapel das der Karde vorgelegte Material ist.

Diese Überlegungen sind - wenn auch außerhalb des Themas liegend - in den Bericht aufgenommen worden, um darzulegen, wie anschaulich in geometrischer Darstellung Verzugsvorgänge an Faserbändern aufgezeigt und Folgerungen daraus gezogen werden können.

                                                             Dipl.-Ing. Waldemar ROHS
                                                             Dipl.-Ing. Ludwig STEINMETZ

FORSCHUNGSBERICHTE
DES WIRTSCHAFTS- UND VERKEHRSMINISTERIUMS
NORDRHEIN-WESTFALEN

Herausgegeben von Staatssekretär Prof. Dr. h. c. Leo Brandt

HEFT 1
Prof. Dr.-Ing. E. Flegler, Aachen
Untersuchungen oxydischer Ferromagnet-Werkstoffe
1952, 20 Seiten, DM 6,75

HEFT 2
Prof. Dr. W. Fuchs, Aachen
Untersuchungen über absatzfreie Teeröle
1952, 32 Seiten, 5 Abb., 6 Tabellen, DM 10,—

HEFT 3
Techn.-Wissenschaftl. Büro für die Bastfaserindustrie, Bielefeld
Untersuchungsarbeiten zur Verbesserung des Leinenwebstuhls
1952, 44 Seiten, 7 Abb., 3 Tabellen, DM 12,50

HEFT 4
Prof. Dr. E. A. Müller und Dipl.-Ing. H. Spitzer, Dortmund
Untersuchungen über die Hitzebelastung in Hüttenbetrieben
1952, 28 Seiten, 5 Abb., 1 Tabelle, DM 9,—

HEFT 5
Dipl.-Ing. W. Fister, Aachen
Prüfstand der Turbinenuntersuchungen
1952, 40 Seiten, 30 Abb., 3 Schaltbilder, DM 1,—

HEFT 6
Prof. Dr. W. Fuchs, Aachen
Untersuchungen über die Zusammensetzung und Verwendbarkeit von Schwelteerfraktionen
1952, 36 Seiten, DM 10,50

HEFT 7
Prof. Dr. W. Fuchs, Aachen
Untersuchungen über emsländisches Petrolatum
1952, 36 Seiten, 1 Abb., 17 Tabellen, DM 10,50

HEFT 8
M. E. Meffert und H. Stratmann, Essen
Algen-Großkulturen im Sommer 1951
1953, 52 Seiten, 4 Abb., 20 Tabellen, DM 9,75

HEFT 9
Techn.-Wissenschaftl. Büro für die Bastfaserindustrie, Bielefeld
Untersuchungen über die zweckmäßige Wicklungsart von Leinengarnkreuzspulen unter Berücksichtigung der Anwendung hoher Geschwindigkeiten des Garnes
Vorversuche für Zetteln und Schären von Leinengarnen auf Hochleistungsmaschinen
1952, 48 Seiten, 7 Abb., 7 Tabellen, DM 9,25

HEFT 10
Prof. Dr. W. Vogel, Köln
„Das Streifenpaar" als neues System zur mechanischen Vergrößerung kleiner Verschiebungen und seine technischen Anwendungsmöglichkeiten
1953, 20 Seiten, 6 Abb., DM 4,50

HEFT 11
Laboratorium für Werkzeugmaschinen und Betriebslehre, Technische Hochschule Aachen
1. Untersuchungen über Metallbearbeitung im Fräsvorgang mit Hartmetallwerkzeugen und negativem Spanwinkel
2. Weiterentwicklung des Schleifverfahrens für die Herstellung von Präzisionswerkstücken unter Vermeidung hoher Temperaturen
3. Untersuchung von Oberflächenveredlungsverfahren zur Steigerung der Belastbarkeit hochbeanspruchter Bauteile
1953, 80 Seiten, 61 Abb., DM 15,75

HEFT 12
Elektrowärme-Institut, Langenberg (Rhld.)
Induktive Erwärmung mit Netzfrequenz
1952, 22 Seiten, 6 Abb., DM 5,20

HEFT 13
Techn.-Wissenschaftl. Büro für die Bastfaserindustrie, Bielefeld
Das Naßspinnen von Bastfasergarnen mit chemischen Zusätzen zum Spinnbad
1953, 52 Seiten, 4 Abb., 19 Tabellen, DM 10,—

HEFT 14
Forschungsstelle für Acetylen, Dortmund
Untersuchungen über Aceton als Lösungsmittel für Acetylen
1952, 64 Seiten, 10 Abb., 26 Tabellen, DM 12,25

HEFT 15
Wäschereiforschung Krefeld
Trocknen von Wäschestoffen
1953, 48 Seiten, 14 Abb., 2 Tabellen, DM 9,—

HEFT 16
Max-Planck-Institut für Kohlenforschung, Mülheim a. d. Ruhr
Arbeiten des MPI für Kohlenforschung
1953, 104 Seiten, 9 Abb., DM 17,80

HEFT 17
Ingenieurbüro Herbert Stein, M.-Gladbach
Untersuchung der Verzugsvorgänge in den Streckwerken verschiedener Spinnereimaschinen. 1. Bericht: Vergleichende Prüfung mit verschiedenen Dickenmeßgeräten
1952, 36 Seiten, 15 Abb., DM 8,—

HEFT 18
Wäschereiforschung Krefeld
Grundlagen zur Erfassung der chemischen Schädigung beim Waschen
1953, 68 Seiten, 15 Abb., 15 Tabellen, DM 12,75

HEFT 19
Techn.-Wissenschaftl. Büro für die Bastfaserindustrie, Bielefeld
Die Auswirkung des Schlichtens von Leinengarnketten auf den Verarbeitungswirkungsgrad, sowie die Festigkeit und Dehnungsverhältnisse der Garne und Gewebe
1953, 48 Seiten, 1 Abb., 9 Tabellen, DM 9,—

HEFT 20
Techn.-Wissenschaftl. Büro für die Bastfaserindustrie, Bielefeld
Trocknung von Leinengarnen I
Vorgang und Einwirkung auf die Garnqualität
1953, 62 Seiten, 18 Abb., 5 Tabellen, DM 12,—

HEFT 21
Techn.-Wissenschaftl. Büro für die Bastfaserindustrie, Bielefeld
Trocknung von Leinengarnen II
Spulenanordnung und Luftführung beim Trocknen von Kreuzspulen
1953, 66 Seiten, 22 Abb., 9 Tabellen, DM 13,—

HEFT 22
Techn.-Wissenschaftl. Büro für die Bastfaserindustrie, Bielefeld
Die Reparaturanfälligkeit von Webstühlen
1953, 28 Seiten, 7 Abb., 5 Tabellen, DM 5,80

HEFT 23
Institut für Starkstromtechnik, Aachen
Rechnerische und experimentelle Untersuchungen zur Kenntnis der Metadyne als Umformer von konstanter Spannung auf konstanten Strom
1953, 52 Seiten, 20 Abb., 4 Tafeln, DM 9,75

HEFT 24
Institut für Starkstromtechnik, Aachen
Vergleich verschiedener Generator-Metadyne-Schaltungen in bezug auf statisches Verhalten
1952, 44 Seiten, 23 Abb., DM 8,50

HEFT 25
Gesellschaft für Kohlentechnik mbH., Dortmund-Eving
Struktur der Steinkohlen und Steinkohlen-Kokse
1953, 58 Seiten, DM 11,—

HEFT 26
Techn.-Wissenschaftl. Büro für die Bastfaserindustrie, Bielefeld
Vergleichende Untersuchungen zweier neuzeitlicher Ungleichmäßigkeitsprüfer für Bänder und Garne hinsichtlich ihrer Eignung für die Bastfaserspinnerei
1953, 64 Seiten, 30 Abb., DM 12,50

HEFT 27
Prof. Dr. E. Schratz, Münster
Untersuchungen zur Rentabilität des Arzneipflanzenanbaues Römische Kamille, Anthemis nobilis L.
1953, 16 Seiten, 1 Tabelle, DM 3,60

HEFT 28
Prof. Dr. E. Schratz, Münster
Calendula officinalis L. Studien zur Ernährung, Blütenfüllung und Rentabilität der Drogengewinnung
1953, 24 Seiten, 2 Abb., 3 Tabellen, DM 5,20

HEFT 29
Techn.-Wissenschaftl. Büro für die Bastfaserindustrie, Bielefeld
Die Ausnützung der Leinengarne in Geweben
1953, 100 Seiten, 14 Abb., 10 Tabellen, DM 17,80

HEFT 30
Gesellschaft für Kohlentechnik mbH., Dortmund-Eving
Kombinierte Entaschung und Verschwelung von Steinkohle; Aufarbeitung von Steinkohlenschlämmen zu verkokbarer oder verschwelbarer Kohle
1953, 56 Seiten, 16 Abb., 10 Tabellen, DM 10,50

HEFT 31
Dipl.-Ing. A. Stormanns, Essen
Messung des Leistungsbedarfs von Doppelsteg-Kettenförderern
1954, 54 Seiten, 18 Abb., 3 Anlagen, DM 11,—

HEFT 32
Techn.-Wissenschaftl. Büro für die Bastfaserindustrie, Bielefeld
Der Einfluß der Natriumchloridbleiche auf Qualität und Verwebbarkeit von Leinengarnen und die Eigenschaften der Leinengewebe unter besonderer Berücksichtigung des Einsatzes von Schützen- und Spulenwechselautomaten in der Leinenweberei
1953, 64 Seiten, 2 Abb., 12 Tabellen, DM 11,50

HEFT 33
Kohlenstoffbiologische Forschungsstation e. V.
Eine Methode zur Bestimmung von Schwefeldioxyd und Schwefelwasserstoff in Rauchgasen und in der Atmosphäre
1953, 32 Seiten, 8 Abb., 3 Tabellen, DM 6,50

HEFT 34
Textilforschungsanstalt Krefeld
Quellungs- und Entquellungsvorgänge bei Faserstoffen
1953, 52 Seiten, 13 Abb., 13 Tabellen, DM 9,80

WESTDEUTSCHER VERLAG · KÖLN UND OPLADEN

HEFT 35
Professor Dr. W. Kast, Krefeld
Feinstrukturuntersuchungen an künstlichen Zellulosefasern verschiedener Herstellungsverfahren. Teil I: Der Orientierungszustand
1953, 74 Seiten, 30 Abb., 7 Tabellen, DM 13,80

HEFT 36
Forschungsinstitut der feuerfesten Industrie, Bonn
Untersuchungen über die Trocknung von Rohton
Untersuchungen über die chemische Reinigung von Silika- und Schamotte-Rohstoffen mit chlorhaltigen Gasen
1953, 60 Seiten, 5 Abb., 5 Tabellen, DM 11,—

HEFT 37
Forschungsinstitut der feuerfesten Industrie, Bonn
Untersuchungen über den Einfluß der Probenvorbereitung auf die Kaltdruckfestigkeit feuerfester Steine
1953, 40 Seiten, 2 Abb., 5 Tabellen, DM 7,80

HEFT 38
Forschungsstelle für Acetylen, Dortmund
Untersuchungen über die Trocknung von Acetylen zur Herstellung von Dissousgas
1953, 36 Seiten, 11 Abb., 3 Tabellen, DM 6,80

HEFT 39
Forschungsgesellschaft Blechverarbeitung e. V., Düsseldorf
Untersuchungen an prägegemusterten und vorgelochten Blechen
1953, 46 Seiten, 34 Abb., DM 9,50

HEFT 40
Landesgeologe Dr.-Ing. W. Wolff, Amt für Bodenforschung, Krefeld
Untersuchungen über die Anwendbarkeit geophysikalischer Verfahren zur Untersuchung von Spateisengängen im Siegerland
1953, 46 Seiten, 8 Abb., DM 8,80

HEFT 41
Techn.-Wissenschaftl. Büro für die Bastfaserindustrie, Bielefeld
Untersuchungsarbeiten zur Verbesserung des Leinenwebstuhles II
1953, 40 Seiten, 4 Abb., 5 Tabellen, DM 7,80

HEFT 42
Professor Dr. B. Helferich, Bonn
Untersuchungen über Wirkstoffe — Fermente — in der Kartoffel und die Möglichkeit ihrer Verwendung
1953, 58 Seiten, 9 Abb., DM 11,—

HEFT 43
Forschungsgesellschaft Blechverarbeitung e. V., Düsseldorf
Forschungsergebnisse über das Beizen von Blechen
1953, 48 Seiten, 38 Abb., 2 Tabellen, DM 11,30

HEFT 44
Arbeitsgemeinschaft für praktische Dehnungsmessung, Düsseldorf
Eigenschaften und Anwendungen von Dehnungsmeßstreifen
1953, 68 Seiten, 43 Abb., 2 Tabellen, DM 13,70

HEFT 45
Losenhausenwerk Düsseldorfer Maschinenbau AG., Düsseldorf
Untersuchungen von störenden Einflüssen auf die Lastgrenzenanzeige von Dauerschwingprüfmaschinen
1953, 36 Seiten, 11 Abb., 3 Tabellen, DM 7,25

HEFT 46
Prof. Dr. W. Fuchs, Aachen
Untersuchungen über die Aufbereitung von Wasser für die Dampferzeugung in Benson-Kesseln
1953, 58 Seiten, 18 Abb., 9 Tabellen, DM 11,20

HEFT 47
Prof. Dr.-Ing. K. Krekeler, Aachen
Versuche über die Anwendung der induktiven Erwärmung zum Sintern von hochschmelzenden Metallen sowie zur Anlegierung und Vergütung von aufgespritzten Metallschichten mit dem Grundwerkstoff
1954, 66 Seiten, 39 Abb., DM 13,90

HEFT 48
Max-Planck-Institut für Eisenforschung, Düsseldorf
Spektrochemische Analyse der Gefügebestandteile in Stählen nach ihrer Isolierung
1953, 38 Seiten, 8 Abb., 5 Tabellen, DM 7,80

HEFT 49
Max-Planck-Institut für Eisenforschung, Düsseldorf
Untersuchungen über Ablauf der Desoxydation und die Bildung von Einschlüssen in Stählen
1953, 52 Seiten, 19 Abb., 3 Tabellen, DM 12,40

HEFT 50
Max-Planck-Institut für Eisenforschung, Düsseldorf
Flammspektralanalytische Untersuchung der Ferritzusammensetzung in Stählen
1953, 44 Seiten, 15 Abb., 4 Tabellen, DM 8,60

HEFT 51
Verein zur Förderung von Forschungs- und Entwicklungsarbeiten in der Werkzeugindustrie e. V., Remscheid
Untersuchungen an Kreissägeblättern für Holz, Fehler- und Spannungsprüfverfahren
1953, 50 Seiten, 23 Abb., DM 10,—

HEFT 52
Forschungsstelle für Acetylen, Dortmund
Untersuchungen über den Umsatz bei der explosiblen Zersetzung von Azetylen
a) Zersetzung von gasförmigem Azetylen
b) Zersetzung von an Silikagel absorbiertem Azetylen
1954, 48 Seiten, 8 Abb., 10 Tabellen, DM 9,25

HEFT 53
Professor Dr.-Ing. H. Opitz, Aachen
Reibwert und Verschleißmessungen an Kunststoffgleitführungen für Werkzeugmaschinen
1954, 38 Seiten, 18 Abb., DM 8,20

HEFT 54
Professor Dr.-Ing. F. A. F. Schmidt, Aachen
Schaffung von Grundlagen für die Erhöhung der spez. Leistung und Herabsetzung des spez. Brennstoffverbrauches bei Ottomotoren mit Teilbericht über Arbeiten an einem neuen Einspritzverfahren
1954, 34 Seiten, 15 Abb., DM 7,40

HEFT 55
Forschungsgesellschaft Blechverarbeitung e. V., Düsseldorf
Chemisches Glänzen von Messing und Neusilber
1954, 50 Seiten, 21 Abb., 1 Tabelle, DM 10,20

HEFT 56
Forschungsgesellschaft Blechverarbeitung e. V., Düsseldorf
Untersuchungen über einige Probleme der Behandlung von Blechoberflächen
1954, 52 Seiten, 42 Abb., DM 11,20

HEFT 57
Prof. Dr.-Ing. F. A. F. Schmidt, Aachen
Untersuchungen zur Erforschung des Einflusses des chemischen Aufbaues des Kraftstoffes auf sein Verhalten im Motor und in Brennkammern von Gasturbinen
1954, 70 Seiten, 32 Abb., DM 14,60

HEFT 58
Gesellschaft für Kohlentechnik mbH., Dortmund
Herstellung und Untersuchung von Steinkohlenschwelteer
1954, 74 Seiten, 9 Abb., 9 Tabellen, DM 13,75

HEFT 59
Forschungsinstitut der Feuerfest-Industrie e. V., Bonn
Ein Schnellanalysenverfahren zur Bestimmung von Aluminiumoxyd, Eisenoxyd und Titanoxyd in feuerfestem Material mittels organischer Farbreagenzien auf photometrischem Wege
Untersuchungen des Alkali-Gehaltes feuerfester Stoffe mit dem Flammenphotometer nach Riehm-Lange
1954, 62 Seiten, 12 Abb., 3 Tabellen, DM 11,60

HEFT 60
Forschungsgesellschaft Blechverarbeitung e. V., Düsseldorf
Untersuchungen über das Spritzlackieren im elektrostatischen Hochspannungsfeld
1954, 82 Seiten, 53 Abb., 7 Tabellen, DM 17,—

HEFT 61
Verein zur Förderung von Forschungs- und Entwicklungsarbeiten in der Werkzeugindustrie e. V., Remscheid
Schwingungs- und Arbeitsverhalten von Kreissägeblättern für Holz
1954, 54 Seiten, 31 Abb., DM 11,40

HEFT 62
Professor Dr. W. Franz, Institut für theoretische Physik der Universität Münster
Berechnung des elektrischen Durchschlags durch feste und flüssige Isolatoren
1954, 36 Seiten, DM 7,—

HEFT 63
Textilforschungsanstalt Krefeld
Neue Methoden zur Untersuchung der Wirkungsweise von Textilhilfsmitteln
Untersuchungen über Schlichtungs- und Entschlichtungsvorgänge
1954, 34 Seiten, 1 Abb., 5 Tabellen, DM 6,80

HEFT 64
Textilforschungsanstalt Krefeld
Die Kettenlängenverteilung von hochpolymeren Faserstoffen
Über die fraktionierte Fällung von Polyamiden
1954, 44 Seiten, 13 Abb., DM 8,60

HEFT 65
Fachverband Schneidwarenindustrie, Solingen
Untersuchungen über das elektrolytische Polieren von Tafelmesserklingen aus rostfreiem Stahl
1954, 90 Seiten, 38 Abb., 9 Tabellen, DM 17,35

HEFT 66
Dr.-Ing. P. Füsgen VDI †, Düsseldorf
Untersuchungen über das Auftreten des Ratterns bei selbsthemmenden Schneckengetrieben und seine Verhütung
1954, 32 Seiten, 5 Abb., DM 6,60

HEFT 67
Heinrich Wösthoff o. H. G., Apparatebau, Bochum
Entwicklung einer chemisch-physikalischen Apparatur zur Bestimmung kleinster Kohlenoxyd-Konzentrationen
1954, 94 Seiten, 48 Abb., 2 Tabellen, DM 18,25

HEFT 68
Kohlenstoffbiologische Forschungsstation e. V., Essen
Algengroßkulturen im Sommer 1952
II. Über die unsterile Großkultur von Scenedesmus obliquus
1954, 62 Seiten, 3 Abb., 29 Tabellen, DM 11,40

HEFT 69
Wäschereiforschung Krefeld
Bestimmung des Faserabbaues bei Leinen unter besonderer Berücksichtigung der Leinengarnbleiche
1954, 48 Seiten, 15 Abb., 3 Tabellen, DM 9,60

HEFT 70
Wäschereiforschung Krefeld
Trocknen von Wäschestoffen
1954, 52 Seiten, 18 Abb., 3 Tabellen, DM 10,—

HEFT 71
Prof. Dr.-Ing. K. Leist, Aachen
Kleingasturbinen, insbesondere zum Fahrzeugantrieb
1954, 114 Seiten, 85 Abb., DM 22,—

HEFT 72
Prof. Dr.-Ing. K. Leist, Aachen
Beitrag zur Untersuchung von stehenden geraden Turbinengittern mit Hilfe von Druckverteilungsmessungen
1954, 152 Seiten, 111 Abb., DM 36,20

HEFT 73
Prof. Dr.-Ing. K. Leist, Aachen
Spannungsoptische Untersuchungen von Turbinenschaufelfüßen
1954, 66 Seiten, 46 Abb., 2 Tabellen, DM 14,60

HEFT 74
Max-Planck-Institut für Eisenforschung, Düsseldorf
Versuche zur Klärung des Umwandlungsverhaltens eines sonderkarbidbildenden Chromstahls
1954, 58 Seiten, 10 Abb., DM 14,—

HEFT 75
Max-Planck-Institut für Eisenforschung, Düsseldorf
Zeit-Temperatur-Umwandlungs-Schaubilder als Grundlage der Wärmebehandlung der Stähle
1954, 44 Seiten, 13 Abb., DM 8,70

HEFT 76
Max-Planck-Institut für Arbeitsphysiologie, Dortmund
Arbeitstechnische und arbeitsphysiologische Rationalisierung von Mauersteinen
1954, 52 Seiten, 12 Abb., 3 Tabellen, DM 10,20

HEFT 77
Meteor Apparatebau Paul Schmeck GmbH., Siegen
Entwicklung von Leuchtstoffröhren hoher Leistung
1954, 46 Seiten, 12 Abb., 2 Tabellen, DM 9,15

HEFT 78
Forschungsstelle für Acetylen, Dortmund
Über die Zustandsgleichung des gasförmigen Acetylens und das Gleichgewicht Acetylen — Aceton
1954, 42 Seiten, 3 Abb., 8 Tabellen, DM 8,—

HEFT 79
Techn.-Wissenschaftl. Büro für die Bastfaserindustrie, Bielefeld
Trocknung von Leinengarnen III
Spinnspulen- und Spinnkopftrocknung
Vorgang und Einwirkung auf die Garnqualität
1954, 74 Seiten, 18 Abb., 10 Tabellen, DM 14,—

WESTDEUTSCHER VERLAG · KÖLN UND OPLADEN

HEFT 80
Techn.-Wissenschaftl. Büro für die Bastfaserindustrie, Bielefeld
Die Verarbeitung von Leinengarn auf Webstühlen mit und ohne Oberbau
1954, 30 Seiten, 2 Abb., 2 Tabellen, DM 6,—

HEFT 81
Prüf- und Forschungsinstitut für Ziegeleierzeugnisse, Essen-Kray
Die Einführung des großformatigen Einheits-Gitterziegels im Lande Nordrhein-Westfalen
1954, 54 Seiten, 2 Abb., 2 Tabellen, DM 10,—

HEFT 82
Vereinigte Aluminium-Werke AG., Bonn
Forschungsarbeiten auf dem Gebiet der Veredelung von Aluminium-Oberflächen
1954, 46 Seiten, 34 Abb., DM 9,60

HEFT 83
Prof. Dr. S. Strugger, Münster
Über die Struktur der Proplastiden
1954, 30 Seiten, 15 Abb., DM 8,40

HEFT 84
Dr. H. Baron, Düsseldorf
Über Standardisierung von Wundtextilien
1954, 32 Seiten, DM 6,40

HEFT 85
Textilforschungsanstalt Krefeld
Physikalische Untersuchungen an Fasern, Fäden, Garnen und Geweben:
Untersuchungen am Knickscheuergerät nach Weltzien
1954, 40 Seiten, 11 Abb., 8 Tabellen, DM 10,—

HEFT 86
Prof. Dr.-Ing. H. Opitz, Aachen
Untersuchungen über das Fräsen von Baustahl sowie über den Einfluß des Gefüges auf die Zerspanbarkeit
1954, 108 Seiten, 73 Abb., 7 Tabellen, DM 22,—

HEFT 87
Gemeinschaftsausschuß Verzinken, Düsseldorf
Untersuchungen über Güte von Verzinkungen
1954, 68 Seiten, 56 Abb., 3 Tabellen, DM 15,30

HEFT 88
Gesellschaft für Kohlentechnik mbH., Dortmund-Eving
Oxydation von Steinkohle mit Salpetersäure
1954, 62 Seiten, 2 Abb., 1 Tabelle, DM 11,50

HEFT 89
Verein Deutscher Ingenieure, Gleitlagerforschung, Düsseldorf und Prof. Dr.-Ing. G. Vogelpohl, Göttingen
Versuche mit Preßstoff-Lagern für Walzwerke
1954, 70 Seiten, 34 Abb., DM 14,10

HEFT 90
Forschungs-Institut der Feuerfest-Industrie, Bonn
Das Verhalten von Silikasteinen im Siemens-Martin-Ofengewölbe
1954, 62 Seiten, 15 Abb., 11 Tabellen, DM 11,90

HEFT 91
Forschungs-Institut der Feuerfest-Industrie, Bonn
Untersuchungen des Zusammenhangs zwischen Leistung und Kohlenverbrauch von Kammeröfen zum Brennen von feuerfesten Materialien
1954, 42 Seiten, 6 Abb., DM 8,30

HEFT 92
Techn.-Wissenschaftl. Büro für die Bastfaserindustrie, Bielefeld und Laboratorium für textile Meßtechnik, M.-Gladbach
Messungen von Vorgängen am Webstuhl
1954, 76 Seiten, 45 Abb., DM 15,50

HEFT 93
Prof. Dr. W. Kast, Krefeld
Spinnversuche zur Strukturerfassung künstlicher Zellulosefasern
1954, 82 Seiten, 39 Abb., 6 Tabellen, DM 16,—

HEFT 94
Prof. Dr. G. Winter, Bonn
Die Heilpflanzen des MATTHIOLUS (1611) gegen Infektionen der Harnwege und Verunreinigung der Wunden bzw. zur Förderung der Wundheilung im Lichte der Antibiotikaforschung
1954, 58 Seiten, 1 Abb., 2 Tabellen, DM 11,50

HEFT 95
Prof. Dr. G. Winter, Bonn
Untersuchungen über die flüchtigen Antibiotika aus der Kapuziner- (Tropaeolum maius) und Gartenkresse (Lepidium sativum) und ihr Verhalten im menschlichen Körper bei Aufnahme von Kapuziner- bzw. Gartenkressensalat per os
1955, 74 Seiten, 9 Abb., 25 Tabellen, DM 14,—

HEFT 96
Dr.-Ing. P. Koch, Dortmund
Austritt von Exoelektronen aus Metalloberflächen unter Berücksichtigung der Verwendung des Effektes für die Materialprüfung
1954, 34 Seiten, 13 Abb., DM 7,—

HEFT 97
Ing. H. Stein, Laboratorium für textile Meßtechnik, M.-Gladbach
Untersuchung der Verzugsvorgänge an den Streckwerken verschiedener Spinnereimaschinen
2. Bericht: Ermittlung der Haft-Gleiteigenschaften von Faserbändern und Vorgarnen
1955, 98 Seiten, 54 Abb., DM 21,—

HEFT 98
Fachverband Gesenkschmieden, Hagen
Die Arbeitsgenauigkeit beim Gesenkschmieden unter Hämmern
1955, 132 Seiten, 55 Abb., 9 Tabellen, DM 24,75

HEFT 99
Prof. Dr.-Ing. G. Garbotz, Aachen
Der Kraft- und Arbeitsaufwand sowie die Leistungen beim Biegen von Bewehrungsstählen in Abhängigkeit von den Abmessungen, den Formen und der Güte der Stähle (Ermittlung von Leistungsrichtlinien)
1955, 136 Seiten, 53 Abb., 3 Anlagen, 18 Tabellen, DM 30,—

HEFT 100
Prof. Dr.-Ing. H. Opitz, Aachen
Untersuchungen von elektrischen Antrieben, Steuerungen und Regelungen an Werkzeugmaschinen
1955, 166 Seiten, 71 Abb., 3 Tabellen, DM 31,30

HEFT 101
Prof. Dr.-Ing. H. Opitz, Aachen
Wirtschaftlichkeitsbetrachtungen beim Außenrundschleifen
1955, 100 Seiten, 56 Abb., 3 Tabellen, DM 19,30

HEFT 102
Dr. P. Hölemann, Ing. R. Hasselmann und Ing. G. Dix, Dortmund
Untersuchungen über die thermische Zündung von explosiblen Acetylenzersetzungen in Kapillaren
1954, 44 Seiten, 5 Abb., 4 Tabellen, DM 8,60

HEFT 103
Prof. Dr. W. Weizel, Bonn
Durchführung von experimentellen Untersuchungen über den zeitlichen Ablauf von Funken in komprimierten Edelgasen sowie zu deren mathematischen Berechnung
1955, 46 Seiten, 12 Abb., DM 9,10

HEFT 104
Prof. Dr. W. Weizel, Bonn
Über den Einfluß der Elektroden auf die Eigenschaften von Cadmium-Sulfid-Widerstands-Photozellen
1955, 48 Seiten, 12 Abb., DM 9,45

HEFT 105
Dr.-Ing. R. Meldau, Harsewinkel/Westf.
Auswertung von Gekörn — Analysen des Musterstaubes „Flugasche Fortuna I"
1955, 42 Seiten, 14 Abb., DM 8,50

HEFT 106
ORR. Dr.-Ing. W. Küch, Dortmund
Untersuchungen über die Einwirkung von feuchtigkeitsgesättigter Luft auf die Festigkeit von Leimverbindungen
1954, 60 Seiten, 10 Abb., 6 Tabellen, DM 11,40

HEFT 107
Prof. Dr. H. Lange und Dipl.-Phys. P. St. Pütter, Köln
Über die Konstruktion von Laboratoriumsmagneten
1955, 66 Seiten, 19 Abb., 1 Tabelle, DM 12,30

HEFT 108
Prof. Dr. W. Fuchs, Aachen
Untersuchungen über neue Beizmethoden und Beizabwässer
I. Die Entzunderung von Drähten mit Natriumhydrid
II. Die Aufbereitung von Beizabwässern
1955, 82 S., 15 Abb., 14 Tabellen, 1 Falttafel, DM 15,25

HEFT 109
Dr. P. Hölemann und Ing. R. Hasselmann, Dortmund
Untersuchungen über die Löslichkeit von Azetylen in verschiedenen organischen Lösungsmitteln
1954, 42 Seiten, 10 Abb., 8 Tabellen, DM 8,30

HEFT 110
Dr. P. Hölemann und Ing. R. Hasselmann, Dortmund
Untersuchungen über den Druckverlauf bei der explosiblen Zersetzung von gasförmigem Azetylen
1955, 54 Seiten, 10 Abb., 5 Tabellen, DM 11,—

HEFT 111
Fachverband Steinzeugindustrie, Köln
Die Entwicklung eines Gerätes zur Beschickung seitlicher Feuer von Steinzeug-Einzelkammeröfen mit festen Brennstoffen
1955, 46 Seiten, 16 Abb., DM 9,40

HEFT 112
Prof. Dr.-Ing. H. Opitz, Aachen
Verschleißmessungen beim Drehen mit aktivierten Hartmetallwerkzeugen
1954, 44 Seiten, 17 Abb., 6 Tabellen, DM 8,80

HEFT 113
Prof. Dr. O. Graf, Dortmund
Erforschung der geistigen Ermüdung und nervösen Belastung: Studien über die vegetative 24-Stunden-Rhythmik in Ruhe und unter Belastung
1955, 40 Seiten, 12 Abb., DM 8,20

HEFT 114
Prof. Dr. O. Graf, Dortmund
Studien über Fließarbeitsprobleme an einer praxisnahen Experimentieranlage
1954, 34 Seiten, 6 Abb., DM 7,—

HEFT 115
Prof. Dr. O. Graf, Dortmund
Studium über Arbeitspausen in Betrieben bei freier und zeitgebundener Arbeit (Fließarbeit) und ihre Auswirkung auf die Leistungsfähigkeit
1955, 50 Seiten, 13 Abb., 2 Tabellen, DM 9,80

HEFT 116
Prof. Dr.-Ing. E. Siebel und Dr.-Ing. H. Weiss, Stuttgart
Untersuchungen an einigen Problemen des Tiefziehens — I. Teil
1955, 74 Seiten, 50 Abb., 5 Tabellen, DM 14,50

HEFT 117
Dr.-Ing. H. Beißwänger, Stuttgart, und Dr.-Ing. S. Schwandt, Trier
Untersuchungen an einigen Problemen des Tiefziehens — II. Teil
1955, 92 Seiten, 34 Abb., 8 Tabellen, DM 17,70

HEFT 118
Prof. Dr. E. A. Müller und Dr. H. G. Wenzel, Dortmund
Neuartige Klima-Anlage zur Erzeugung ungleicher Luft- und Strahlungstemperaturen in einem Versuchsraum
1955, 68 Seiten, 10 z. T. mehrfarb. Abb., DM 14,—

HEFT 119
Dr.-Ing. O. Viertel, Krefeld
Wäscherei- und energietechnische Untersuchung einer Gemeinschafts-Waschanlage
1955, 50 Seiten, 18 Abb., DM 10,20

HEFT 120
Dipl.-Ing. A. Weisbecker, Lüdenscheid
Über Anfressung an Reinstaluminium-Schweißnähten bei der elektrolytischen Oxydation
Gebr. Hörstermann GmbH., Velbert
Entwicklung und Erprobung eines neuartigen Gummibandförderers
1955, 46 Seiten, 18 Abb., DM 9,70

HEFT 121
Dr. H. Krebs, Bonn
I. Die Struktur und die Eigenschaften der Halbmetalle
II. Die Bestimmung der Atomverteilung in amorphen Substanzen
III. Die chemische Bindung in anorganischen Festkörpern und das Entstehen metallischer Eigenschaften
1955, 124 Seiten, 36 Abb., 13 Tabellen, DM 22,90

HEFT 122
Prof. Dr. W. Fuchs, Aachen
Untersuchungen zur Verbesserung der Wasseraufbereitung und Wasseranalyse:
Über die Schnellbewertung von Ionenaustauscher
1955, 62 Seiten, 32 Abb., DM 12,30

HEFT 123
Dipl.-Ing. J. Emondts, Aachen
Über Bodenverformungen bei stark gestörtem und mächtigem, wasserführendem Deckgebirge im Aachener Steinkohlengebiet
1955, 196 Seiten, 37 Abb., 10 Tabellen, DM 28,80

HEFT 124
Prof. Dr. R. Seyffert, Köln
Wege und Kosten der Distribution der Hausratwaren im Lande Nordrhein-Westfalen
1955, 74 Seiten, 25 Tabellen, DM 9,—

WESTDEUTSCHER VERLAG · KÖLN UND OPLADEN

HEFT 125
Prof. Dr. E. Kappler, Münster
Eine neue Methode zur Bestimmung von Kondensations-Koeffizienten von Wasser
1955, 46 Seiten, 11 Abb., 1 Tabelle, DM 9,10

HEFT 126
Prof. Dr.-Ing. J. Mathieu, Aachen
Arbeitszeitvergleich
Grundlagen, Methodik und praktische Durchführung
1955, 70 Seiten, DM 13,—

HEFT 127
Güteschutz Betonstein e. V., Arbeitskreis Nordrhein-Westfalen, Dortmund
Die Betonwaren-Gütesicherung im Lande Nordrhein-Westfalen
1955, 58 Seiten, 15 Abb., 3 Tabellen, DM 11,50

HEFT 128
Prof. Dr. O. Schmitz-DuMont, Bonn
Untersuchungen über Reaktionen in flüssigem Ammoniak
1955, 96 Seiten, 11 Abb., 6 Tabellen, DM 17,75

HEFT 129
Prof. Dr.-Ing. J. Mathieu und Dr. C. A. Roos, Aachen
Die Anlernung von Industriearbeitern
I. Ergebnisse einer grundsätzlichen Untersuchung der gegenwärtigen Industriearbeiter-Kurzanlernung
1955, 106 Seiten, DM 19,70

HEFT 130
Prof. Dr.-Ing. J. Mathieu und Dr. C. A. Roos, Aachen
Die Anlernung von Industriearbeitern
II. Beiträge zur Methodenfrage der Kurzanlernung
1955, 108 Seiten, DM 19,90

HEFT 131
Dr. W. Hoerburger, Köln
Versuche zur Biosynthese von Eiweiß aus Kohlenwasserstoff
1955, 34 Seiten, 2 Abb. DM 6,90

HEFT 132
Prof. Dr. W. Seith, Münster
Über Diffusionserscheinungen in festen Metallen
1955, 42 Seiten, 19 Abb., 4 Tabellen, DM 9,10

HEFT 133
Prof. Dr. E. Jenckel, Aachen
Über einen für Schwermetalle selektiven Ionenaustauscher
1955, 48 Seiten, 8 Abb., 13 Tabellen, DM 9,50

HEFT 134
Prof. Dr.-Ing. H. Winterhager, Aachen
Über die elektrochemischen Grundlagen der Schmelzfluß-Elektrolyse von Bleisulfid in geschmolzenen Mischungen mit Bleichlorid
1955, 54 Seiten, 20 Abb., 5 Tabellen, DM 11,80

HEFT 135
Prof. Dr.-Ing. K. Krekeler und Dr.-Ing. H. Peukert, Aachen
Die Änderung der mechanischen Eigenschaften thermoplastischer Kunststoffe durch Warmrecken
1955, 54 Seiten, 27 Abb., DM 11,10

HEFT 136
Dipl.-Phys. P. Pilz, Remscheid
Über spezielle Probleme der Zerkleinerungstechnik von Weichstoffen
1955, 58 Seiten, 19 Abb., 2 Tabellen, DM 11,50

HEFT 137
Prof. Dr. W. Baumeister, Münster
Beiträge zur Mineralstoffernährung der Pflanzen
1955, 64 Seiten, 6 Tabellen, DM 11,80

HEFT 138
Dr. P. Hölemann und Ing. R. Hasselmann, Dortmund
Untersuchungen über die Zersetzungswärme von gasförmigem und in Azeton gelöstem Azetylen
1955, 54 Seiten, 8 Abb., 7 Tabellen, DM 10,40

HEFT 139
Prof. Dr. W. Fuchs, Aachen
Studien über die thermische Zersetzung der Kohle und die Kohlendestillatprodukte
1955, 64 Seiten, 20 Abb., 22 Tabellen, DM 11,80

HEFT 140
Dr.-Ing. G. Hausberg, Essen
Modellversuche an Zyklonen
1955, 78 Seiten, 24 Abb., DM 15,70

HEFT 141
Dr. J. van Calker und Dr. R. Wienecke, Münster
Untersuchungen über den Einfluß dritter Analysenpartner auf die spektrochemische Analyse
1955, 42 Seiten, 15 Abb., DM 9,10

HEFT 142
Dipl.-Ing. G. M. F. Wiebel, Hannover, A. Konermann und A. Ottenheym, Sennelager
Entwicklung eines Kalksandleichtsteines
1955, 38 Seiten, 4 Abb., DM 8,—

HEFT 143
Prof. Dr. F. Wever, Dr. A. Rose und Dipl.-Ing. W. Straßburg, Düsseldorf
Härtbarkeit und Umwandlungsverhalten der Stähle
1955, 50 Seiten, 12 Abb., 3 Tabellen, DM 10,70

HEFT 144
Prof. Dr. H. Wurmbach, Bonn
Steuerung von Wachstum und Formbildung
1955, 48 Seiten, 19 Abb., DM 10,30

HEFT 145
Dr. G. Hennemann, Werdohl (Westf.)
Beitrag zur Interpretation der modernen Atomphysik
1955, 34 Seiten, DM 10,—

HEFT 146
Dr.-Ing. F. Gruß, Düsseldorf
Sterilisation mit Heißluft
1955, 34 Seiten, 10 Abb., DM 7,70

HEFT 147
Dr.-Ing. W. Rudisch, Unna
Untersuchung einer drehelastischen Elektromagnet-Synchronkupplung
1955, 82 Seiten, 65 Abb., DM 17,70

HEFT 148
Prof. Dr. H. Bittel u. Dipl.-Phys. L. Storm, Münster
Untersuchungen über Widerstandsrauschen
1955, 40 Seiten, 5 Abb., DM 8,40

HEFT 149
Dipl.-Ing. K. Konopicky und Dipl.-Chem. P. Kampa, Bonn
I. Beitrag zur flammenphotometrischen Bestimmung des Calciums.
Dr.-Ing. K. Konopicky, Bonn
II. Die Wanderung von Schlackenbestandteilen in feuerfesten Baustoffen
1955, 54 Seiten, 10 Abb., 5 Tabellen, DM 11,—

HEFT 150
Prof. Dr.-Ing. O. Kienzle und Dipl.-Ing. W. Timmerbeil, Hannover
Das Durchziehen enger Kragen an ebenen Fein- und Mittelblechen
1955, 52 Seiten, 20 Abb., 8 Tabellen, DM 11,30

HEFT 151
Dipl.-Ing. P. Karabasch, Aachen
Feststellung des optimalen Gasgehaltes von Bronzen zur Erzielung druckdichter Gußstücke
1956, 64 Seiten, 31 Abb., 5 Tabellen, DM 13,90

HEFT 152
Dipl.-Ing. G. Müller, Köln
Ermittlung der Laufeigenschaften (Vergießbarkeit) von Bronze und Rotguß mittels der Schneider-Gießspirale
1955, 60 Seiten, 33 Abb., DM 13,20

HEFT 153
Prof. Dr. F. Wever, Dr.-Ing. W. A. Fischer und Dipl.-Ing. J. Engelbrecht, Düsseldorf
I. Die Reduktion sauerstoffhaltiger Eisenschmelzen im Hochvakuum mit Wasserstoff und Kohlenstoff
II. Einfluß geringer Sauerstoffgehalte auf das Gefüge und Alterungsverhalten von Reineisen
1955, 54 Seiten, 15 Abb., 2 Tabellen, DM 12,40

HEFT 154
Prof. Dr.-Ing. P. Bardenheuer und Dr.-Ing. W. A. Fischer, Düsseldorf
Die Verschlackung von Titan aus Stahlschmelzen im sauren und basischen Hochfrequenzofen unter verschiedenen Schlacken
1955, 36 Seiten, 10 Abb., 1 Tabelle, DM 7,95

HEFT 155
Dipl.-Phys. K. H. Schirmer, München
Die auf Grau abgestimmte Farbwiedergabe im Dreifarbenbuchdruck
1955, 46 Seiten, 17 Abb., 2 Farbtafeln, DM 10,—

HEFT 156
Prof. Dr.-Ing. B. von Borries und Mitarbeiter, Düsseldorf
Die Entwicklung regelbarer permanentmagnetischer Elektronenlinsen hoher Brechkraft und eines mit ihnen ausgerüsteten Elektronenmikroskopes neuer Bauart
1956, 102 Seiten, 52 Abb., DM 22,55

HEFT 157
Dr. W. Jawtusch, Dr. G. Schuster und Prof. Dr.-Ing. R. Jaeckel, Bonn
Untersuchungen über die Stoßvorgänge zwischen neutralen Atomen und Molekülen
1955, 48 Seiten, 15 Abb., 3 Tabellen, DM 10,50

HEFT 158
Dipl.-Ing. W. Rosenkranz, Meinerzhagen
Ein Beitrag zum Problem der Spannungskorrosion bei Preßprofilen und Preßteilen aus Aluminium-Legierungen
1956, 112 Seiten, 61 Abb., 5 Tabellen, DM 27,40

HEFT 159
Dr.-Ing. O. Viertel und O. Oldenroth, Krefeld
Das Bleichen von Weißwäsche mit Wasserstoffsuperoxyd bzw. Natriumhypochlorit beim maschinellen Waschen
1955, 54 Seiten, 23 Abb., 2 Tabellen, DM 11,45

HEFT 160
Prof. Dr. W. Klemm, Münster
Über neue Sauerstoff- und Fluor-haltige Komplexe
1955, 50 Seiten, 13 Abb., 7 Tabellen, DM 10,80

HEFT 161
Prof. Dr. W. Weltzien und G. Hauschild, Krefeld
Über Silikone und ihre Anwendung in der Textilveredlung
1955, 162 Seiten, 22 Abb., 10 Tabellen, DM 27,—

HEFT 162
Prof. Dr. F. Wever, Prof. Dr. A. Kochendörfer und Dr.-Ing. Chr. Rohrbach, Düsseldorf
Kennzeichnung der Sprödbruchneigung von Stählen durch Messung der Fließspannung, Reißspannung und Brucheinschnürung an dreiachsig beanspruchten Proben
1955, 58 Seiten, 26 Abb., 3 Tabellen, DM 13,—

HEFT 163
Dipl.-Ing. W. Rohs und Text.-Ing. H. Griese, Bielefeld
Untersuchungsarbeiten zur Verbesserung des Leinenwebstuhls III
1955, 80 Seiten, 15 Abb., 18 Tabellen, DM 15,80

HEFT 164
Dr.-Ing. H. Schmachtenberg, Köln
Neuartige Prüfeinrichtungen für Kraftfahrzeuge
1955, 44 Seiten, 23 Abb., DM 9,60

HEFT 165
Dr.-Ing. W. Wilhelm, Aachen
Instationäre Gasströmung im Auspuffsystem eines Zweitaktmotors
1955, 62 Seiten, 31 Abb., 8 Tabellen, DM 13,60

HEFT 166
Prof. Dr. M. v. Stackelberg, Dr. H. Heindze, Dr. H. Hübschke und Dr. K. H. Frangen, Bonn
Kolloidchemische Untersuchungen
1955, 106 Seiten, 8 Abb., 13 Tabellen, DM 21,25

HEFT 167
Prof. Dr.-Ing. F. Schuster, Essen
I. Über die Heißkarburierung von Brenngasen mit Ölen und Teeren
II. Die Strahlungsvorgänge in brennstoffbeheizten Öfen bei verschiedenen Verbrennungsatmosphären
1955, 38 Seiten, 8 Abb., DM 8,30

HEFT 168
Prof. Dr.-Ing. F. Schuster, Essen
I. Luftvorwärmung an Gasfeuerungen
II. Heizwerthöhe von Brenngasen und Wirkungsgrad sowie Gasverbrauch bei der Gasverwendung
III. Sauerstoffangereicherte Luft und feuerungstechnische Kenngrößen von Brenngasen
1955, 60 Seiten, 18 Abb., DM 12,50

HEFT 169
Forschungsinstitut für Pigmente und Lacke, Stuttgart
Arbeiten über die Bestimmung des Gebrauchswertes von Lackfilmen durch physikalische Prüfungen
1955, 70 Seiten, 23 Abb., 4 Tabellen, DM 15,—

HEFT 170
Prof. Dr. F. Wever, Dr. A. Rose und Dipl.-Ing L. Rademacher, Düsseldorf
Anwendung der Umwandlungsschaubilder auf Fragen der Werkstoffauswahl beim Schweißen und Flammhärten
1955, 64 Seiten, 25 Abb., DM 13,70

HEFT 171
Wäschereiforschung Krefeld
Untersuchung der Wäscheentwässerung mit Hilfe von Zentrifugen und Pressen
1955, 42 Seiten, 16 Abb., 4 Tabellen, DM 9,70

HEFT 172
Dipl.-Ing. W. Rohs, Dr.-Ing. G. Satlow und Text.-Ing. G. Heller, Bielefeld
Trocknung von Hanfgarnen. Kreuzspultrocknung
1955, 60 Seiten, 7 Abb., 4 Tabellen, DM 10,30

HEFT 173
Prof. Dr. R. Hosemann und Dipl.-Phys. G. Schoknecht, Berlin, vorgelegt von Prof. Dr. W. Kast, Krefeld
Lichtoptische Herstellung und Diskussion der Faltungsquadrate parakristalliner Gitter
1956, 108 Seiten, 63 Abb., 6 Tabellen, DM 24,70

HEFT 174
Prof. Dr. W. von Fragstein, Dr. J. Meingast und H. Hoch, Köln
Herstellung von Solen einheitlicher Teilchengröße und Ermittlung ihrer optischen Eigenschaften
1955, 78 Seiten, 80 Abb., 4 Tabellen, DM 18,25

HEFT 175
Dr.-Ing. H. Zeller, Aachen
Beitrag zur eindimensionalen stationären und nichtstationären Gasströmung mit Reibung und Wärmeleitung, insbesondere in Rohren mit unstetigen Querschnittsänderungen.
1956, 138 Seiten, 56 Abb., DM 29,30

HEFT 176
Dipl.-Ing. H. Schöberl, Duisburg
Über die Methoden zur Ermittlung der Verbrennungstemperatur von Brennstoffen und ein Vorschlag zu ihrer Verbesserung
1955, 30 Seiten, 3 Abb., DM 6,50

HEFT 177
Dipl.-Ing. H. Stüdemann, Solingen, und Dr.-Ing. W. Müchler, Essen
Entwicklung eines Verfahrens zur zahlenmäßigen Bestimmung der Schneideigenschaften von Messerklingen
1956, 104 Seiten, 68 Abb., 4 Tabellen, DM 22,20

HEFT 178
Prof. Dr. M. von Stackelberg u. Dr. W. Hans, Bonn
Untersuchungen zur Ausarbeitung und Verbesserung von polarographischen Analysenmethoden
1955, 46 Seiten, 14 Abb., DM 10,50

HEFT 179
Dipl.-Ing. H. F. Reineke, Bochum
Entwicklungsarbeiten auf dem Gebiete der Meß- und Regeltechnik
1955, 46 Seiten, 10 Abb., DM 10,—

HEFT 180
Dr.-Ing. W. Piepenburg, Dipl.-Ing. B. Bühling und Bauing. J. Behnke, Köln
Putzarbeiten im Hochbau und Versuche mit aktiviertem Mörtel und mechanischem Mörtelauftrag
1955, 116 Seiten, 31 Abb., 68 Tabellen, DM 23,—

HEFT 181
Prof. Dr. W. Franz, Münster
Theorie der elektrischen Leitvorgänge in Halbleitern und isolierenden Festkörpern bei hohen elektrischen Feldern
1955, 28 Seiten, 2 Abb., 1 Tabelle, DM 6,20

HEFT 182
Dr.-Ing. P. Schenk u. Dr. K. Osterloh, Düsseldorf
Katalytisch-thermische Spaltung von gasförmigen und flüssigen Kohlenwasserstoffen zur Spitzengaserzeugung
1955, 50 Seiten, 11 Abb., 11 Tabellen, DM 10,90

HEFT 183
Dr. W. Bornheim, Köln
Entwicklungsarbeiten an Flaschen- und Ampullen-Behandlungsmaschinen für die pharmazeutische Industrie
1956, 48 Seiten, 24 Abb., DM 11,70

HEFT 184
Dr.-Ing. E. Printz, Kettwig
Vollhydraulische Parallel-Kupplung für Ackerschlepper
1955, 32 Seiten, 4 Abb., DM 7,80

HEFT 185
Dipl.-Ing. W. Rohs und Text.-Ing. G. Heller, Bielefeld
Studien an einem neuzeitlichen Kreuzspultrockner für Bastfasergarne mit Wiederbefeuchtungszone
1955, 52 Seiten, 9 Abb., 3 Tabellen, DM 10,70

HEFT 186
Dr. E. Wedekind, Krefeld
Untersuchungen zur Arbeitsbestgestaltung bei der Fertigstellung von Oberhemden in gewerblichen Wäschereien
1955, 124 Seiten, 28 Abb., 6 Tabellen, 2 Falttaf., DM 12,—

HEFT 187
Dipl.-Ing. F. Göttgens, Essen
Über die Eigenarten der Bimetall-, Thermo- und Flammenionisationssicherungsmethode in ihrer Anwendung auf Zündsicherungen
1955, 40 Seiten, 6 Abb., 4 Tabellen, DM 8,40

HEFT 188
W. Kinnebrock, Langenberg (Rhld.)
Der Einfluß des Austausches gleicher Gaskochbrenner bzw. Gaskochbrennerteile auf den Wirkungsgrad und insbesondere auf den CO-Gehalt der Verbrennungsgase
1955, 42 Seiten, 7 Tabellen, DM 8,70

HEFT 189
Fa. E. Leybold's Nachfolger, Köln
I. Ausgewähltes Kapitel aus der Vakuumtechnik
II. Zum Verlust anorganisch-nichtflüchtiger Substanzen während der Gefriertrocknung
1955, 52 Seiten, 16 Abb., 3 Tabellen, DM 11,20

HEFT 190
Prof. Dr. A. Neuhaus, Prof. Dr. O. Schmitz-DuMont und Dipl.-Chem. H. Reckhard, Bonn
Zur Kenntnis der Alkalititanate
1955, 60 Seiten, 13 Abb., 1 Tabelle, DM 12,20

HEFT 191
Dr. H. Söhngen, Darmstadt
Schwingungsverhalten eines Schaufelkranzes im Vakuum *1955, 36 Seiten, 7 Abb., DM 7,80*

HEFT 192
Dipl.-Phys. E. M. Schneider, München
Kohlebogenlampen für Aufnahme und Kopie
1955, 48 Seiten, 21 Abb., 3 Tabellen, DM 10,60

HEFT 193
Prof. Dr. O. Schmitz-DuMont, Bonn
Untersuchungen über neue Pigmentfarbstoffe
1956, 50 Seiten, 16 Abb., 8 Tabellen, DM 11,20

HEFT 194
Dr. K. Hecht, Köln
Entwicklung neuartiger physikalischer Unterrichtsgeräte *1955, 42 Seiten, 16 Abb., DM 9,90*

HEFT 195
Dr.-Ing. E. Rößger, Köln
Gedanken über einen neuen deutschen Luftverkehr
1955, 342 Seiten, 29 Abb., 122 Tabellen, DM 50,—

HEFT 196
Dipl.-Ing. W. Rohs und Text.-Ing. H. Griese, Bielefeld
Auswirkungen von Garnfehlern bei der Verarbeitung von Leinengarnen
1955, 36 Seiten, 3 Abb., 6 Tabellen, DM 7,80

HEFT 197
Dr. E. Wedekind, Krefeld
Untersuchungen zur Bestimmung der optimalen Arbeitsplatzgröße bei Mehrstuhlarbeit in der Weberei
1955, 92 Seiten, 34 Abb., 3 Tabellen, DM 18,50

HEFT 198
Prof. Dr. J. Weissinger, Karlsruhe
Zur Aerodynamik des Ringflügels. Die Druckverteilung dünner, fast drehsymmetrischer Flügel in Unterschallströmung *1955, 42 Seiten, 5 Abb., DM 9,—*

HEFT 199
Textilforschungsanstalt Krefeld
Die Messung von Gewebetemperaturen mittels Temperaturstrahlung
1955, 50 Seiten, 12 Abb., DM 10,90

HEFT 200
R. Seipenbusch, Langenberg (Rhld.)
Spitzengas durch Zusatz von Flüssiggas-Wassergas- und Flüssiggas-Generatorgas-Gemischen zu Stadtgas
1955, 48 Seiten, 21 Abb., DM 10,35

HEFT 201
Dr.-Ing. E. W. Pleines, Frankfurt/Main
Die Sicherheit im Luftverkehr
1956, 194 Seiten, 39 Abb., 19 Tabellen, DM 39,50

HEFT 202
Dipl.-Ing. D. Fiecke, Stuttgart/Zuffenhausen
Die Bestimmung der Flugzeugpolaren für Entwurfszwecke. I. Teil: Unterlagen
1956, 216 Seiten, 171 Diagr., DM 59,70

HEFT 203
Dr. G. Wandel, Bonn
Uferbewachsung und Lebendverbauung an den Nordwestdeutschen Kanälen und ihren Zuflüssen sowie an der Ruhr *1956, 122 Seiten, 88 Abb., DM 25,70*

HEFT 204
Dipl.-Ing. B. Naendorf, Langenberg (Rhld.)
Bestimmung der Brenneigenschaften und des Brennverhaltens verschiedener Gasarten und Einfluß verschiedener Düsengestaltung
1955, 32 Seiten, DM 7,10

HEFT 205
Dr. C. Schaarwächter, Düsseldorf
Über plastische Kupfer-Eisen-Phosphor-Legierungen
1956, 36 Seiten, 10 Abb., 10 Tabellen, DM 8,30

HEFT 206
Dr. P. Hölemann, Ing. R. Hasselmann und Ing. G. Dix, Dortmund
Untersuchungen über die Vorgänge bei der Zersetzung von in Azeton gelöstem Azetylen
1956, 74 Seiten, 7 Abb., 7 Tabellen, DM 15,55

HEFT 207
Prof. Dr.-Ing. H. Opitz, Dipl.-Ing. K. H. Fröhlich und Dipl.-Ing. H. Siebel, Aachen
Richtwerte für das Fräsen von unlegierten und legierten Baustählen mit Hartmetall. I. Teil
1956, 48 Seiten, 27 Abb., 3 Tabellen, DM 11,10

HEFT 208
Prof. Dr.-Ing. H. Müller, Essen
Untersuchung von Elektrowärmegeräten für Laienbedienung hinsichtlich Sicherheit und Gebrauchsfähigkeit. I. Untersuchungen an Kochplatten
1956, 100 Seiten, 76 Abb., 7 Tabellen, DM 22,70

HEFT 209
Dr. K. Bunge, Leverkusen
Materialabbau in Funkenentladungen. Untersuchungen an Zinkkathoden
1956, 54 Seiten, 10 Abb., 5 Tabellen, DM 11,40

HEFT 210
Dr. W. Porschen und Prof. Dr. W. Riezler, Bonn
Langlebige Alphaaktivitäten bei natürlichen Elementen
1955, 40 Seiten, 5 Abb., 4 Tabellen, DM 8,80

HEFT 211
Prof. Dipl.-Ing. W. Sturtzel und Dr.-Ing. W. Graff, Duisburg
Die Versuchsanstalt für Binnenschiffbau, Duisburg
1956, 48 Seiten, 22 Abb., 11,—

HEFT 212
Dipl.-Ing. H. Spodig, Selm
Untersuchung zur Anwendung der Dauermagnete in der Technik *1955, 44 Seiten, 25 Abb., DM 9,80*

HEFT 213
Dipl.-Ing. K. F. Rittinghaus, Aachen
Zusammenstellung eines Meßwagens für Bau- und Raumakustik
1957, 96 Seiten 17 Abb., 7 Tabellen DM 19,80

HEFT 214
Dr.-Ing. J. Endres, München
Berechnung der optimalen Leistungen, Kraftstoffverbräuche und Wirkungsgrade von Einkreis-Turbolader-Strahltriebwerken am Boden und in der Höhe bei Fluggeschwindigkeiten von 0—2000 km/h
1956, 72 Seiten, 18 Abb., 8 Tabellen, DM 15,40

HEFT 215
Prof. Dr.-Ing. H. Opitz und Dr.-Ing. G. Weber, Aachen
Einfluß der Wärmebehandlung von Baustählen auf Spanentstehung, Schnittkraft- und Standzeitverhalten
1956, 80 Seiten, 30 Abb., 10 Tabellen, DM 18,40

HEFT 216
Dr. E. Kloth, Köln
Untersuchungen über die Ausbreitung kurzer Schallimpulse bei der Materialprüfung mit Ultraschall
1956, 90 Seiten, 60 Abb., 4 Tabellen, DM 19,40

HEFT 217
Rationalisierungskuratorium der Deutschen Wirtschaft (RKW), Frankfurt/Main
Typenvielzahl bei Haushaltgeräten und Möglichkeiten einer Beschränkung
1956, 328 Seiten, 2 Abb., 181 Tabellen, DM 49,50

HEFT 218
Dr. F. Keune, Aachen
Bericht über eine Theorie der Strömung um Rotationskörper ohne Anstellung bei Machzahl Eins
1955, 40 Seiten, 8 Abb., 5 Formelblätter, DM 8,80

WESTDEUTSCHER VERLAG · KÖLN UND OPLADEN

HEFT 219
Prof. Dr. W. Fuchs, Aachen
Untersuchungen zur Holzabfallverwertung und zur Chemie des Lignins
1955, 54 Seiten, 11 Abb., 15 Tabellen DM 11,40

HEFT 220
Prof. Dr. W. Fuchs, Aachen
Die Entwicklung neuer Regel- und Kontroll-Apparate zur coulometrischen Analyse
1956, 76 Seiten, 17 Abb. 23 Tabellen, DM 15,50

HEFT 221
Dr. W. Meyer-Eppler, Bonn
Experimentelle Untersuchungen zum Mechanismus von Stimme und Gehör in der lautsprachlichen Kommunikation *1955, 56 Seiten, 24 Abb., DM 13,45*

HEFT 222
Dr. L. Köllner, Münster, und Dipl.-Volkswirt M. Kaiser, Bochum
Die internationale Wettbewerbsfähigkeit der westdeutschen Wollindustrie *1956, 214 Seiten, DM 39,50*

HEFT 223
Dr.-Ing. K. Alberti und Dr. F. Schwarz, Köln
Über das Problem Hartbrand-Weichbrand
1956, 54 Seiten, 25 Abb., 14 Tabellen, DM 12,10

HEFT 224
Dipl.-Ing. H. Stüdemann und Ing. R. Beu, Solingen
Verfahren zur Prüfung der Korrosionsbeständigkeit von Messerklingen aus rostfreiem Stahl
1956, 82 Seiten, 28 Abb., DM 16,90

HEFT 225
Dr.-Ing. E. Barz, Remscheid
Der Spannungszustand von Gattersägeblättern
1956, 74 Seiten, 54 Abb., DM 16,50

HEFT 226
Technisch-wissenschaftliches Büro für die Bastfaserindustrie, Bielefeld
Untersuchungen zur Verbesserung des Leinenwebstuhles IV
Die Wirkung verschiedener Kettbaumbremsen auf die Verwebung von Leinengarnen
1956, 64 Seiten, 9 Abb., 4 Tabellen, DM 13,50

HEFT 227
Prof. Dr. F. Wever, Düsseldorf und Dr. W. Wepner, Köln
Untersuchung der Alterungsneigung von weichen unlegierten Stählen durch Härteprüfung bei Temperaturen bis 300 Grad C
1956, 34 Seiten, 20 Abb., 3 Tabellen, DM 7,95

HEFT 228
Prof. Dr. F. Wever, Dr. W. Koch, Düsseldorf, und Dr. B. A. Steinkopf, Dortmund
Spektrochemische Grundlagen der Analyse von Gemischen aus Kohlenmonoxyd, Wasserstoff und Stickstoff *1956, 42 Seiten, 18 Abb., 1 Tabelle, DM 9,90*

HEFT 229
Prof. Dr. F. Wever, Dr. W. Koch und Dr.-Ing. H. Malissa, Düsseldorf
Über die Anwendung disubstituierter Dithiocarbamate der analytischen Chemie
1956, 44 Seiten, 30 Abb., 5 Tabellen, DM 10,50

HEFT 230
Prof. Dr. F. Wever, Düsseldorf, und Dr. W. Wepner, Köln
Bestimmung kleiner Kohlenstoffgehalte im Alpha-Eisen durch Dämpfungsmessung
1956, 34 Seiten, 5 Abb., 2 Tabellen, DM 7,70

HEFT 231
Dr.-Ing. W. Küch, Dortmund
Über die Wechselwirkung zwischen Holzschutzbehandlung und Verleimung
1956, 48 Seiten, 10 Abb., 8 Tabellen, DM 10,40

HEFT 232
Prof. Dr.-Ing. O. Kienzle, Hannover, und Dr.-Ing. H. Münnich, Schweinfurt
Feststellung der Spannungen und Dehnungen und Bruchdrehzahlen der unter Fliehkraft und Bearbeitungskraft beanspruchten Schleifkörper
in Vorbereitung

HEFT 233
Dr. H. Haase, Hamburg
Infrarot-Bibliographie *1956, 90 Seiten, DM 17,80*

HEFT 234
Dr.-Ing. K. G. Speith und Dr.-Ing. A. Bungeroth, Duisburg
Versuche zur Steigerung des Kokillen-Schluckvermögens beim Stranggießen von Stahl
1956, 26 Seiten, 5 Abb., DM 6,15

HEFT 235
Prof. Dr.-Ing. K. Leist und Dipl.-Ing. W. Dettmering, Aachen
Turbinenschaufeln aus Kunststoff für Kaltluftversuchsanlagen
1956, 46 Seiten, 43 Abb., 3 Tabellen, DM 12,30

HEFT 236
Dr.-Ing. O. Viertel und S. Lucas, Krefeld
Ergebnisse einer Hausfrauenbefragung über Wascheinrichtungen und Waschmethoden in städtischen Haushaltungen
1956, 34 Seiten, 4 Abb., DM 7,60

HEFT 237
Dr. P. Endler und Dr. H. Ludes, Köln
Bericht über eine Studienreise zur Orientierung der heutigen Behandlung der Lungentuberkulose in den Vereinigten Staaten von Nordamerika
1956, 32 Seiten, DM 7,10

HEFT 238
Institut für textile Meßtechnik, M.-Gladbach, e. V.
Untersuchungen der Verzugsvorgänge an den Streckwerken verschiedener Spinnereimaschinen. 3. Bericht: Theoretische Betrachtungen über den Einfluß schlagender Zylinder und Druckrollen
1956, 66 Seiten, 21 Abb., DM 14,10

HEFT 239
Prof. Dr.-Ing. K. Leist, Dipl.-Ing. H. Scheele, Aachen, und Dipl.-Ing. F. H. Flottmann, Herne
Versuche an einem neuartigen luftgekühlten Hochleistungs-Kolbenkompressor
1956, 72 Seiten, 19 Abb., 7 Tabellen, DM 14,40

HEFT 240
Prof. Dr.-Ing. K. Leist und Dipl.-Ing. H. Scheele, Aachen
Temperaturmessungen an einem einstufigen luftgekühlten 4-Zylinder-Kolbenkompressor mit Kühlgebläse *1956, 74 Seiten, 36 Abb., DM 14,80*

HEFT 241
Prof. Dr.-Ing. K. Leist und Dipl.-Ing. M. Pötke, Aachen
Leistungsversuche an einem Kühlluftgebläse
1956, 60 Seiten, 13 Abb., DM 11,70

HEFT 242
Prof. Dr.-Ing. K. Leist und Dipl.-Ing. K. Graf, Aachen
Straßenfahrzeuge mit Gasturbinenantrieb
1956, 82 Seiten, 63 Abb., DM 17,20

HEFT 243
Prof. Dr.-Ing. K. Leist und Dipl.-Ing. S. Förster, Aachen
Die französische Kleingasturbine Artouste — 1. Teil
1956, 80 Seiten, 41 Abb., DM 15,85

HEFT 244
Prof. Dr. F. Wever, Dr. W. Koch und Dr. S. Eckhard, Düsseldorf
Erfahrungen mit der spektrochemischen Analyse von Gefügebestandteilen des Stahles
1956, 32 Seiten, 8 Abb., 2 Tabellen, DM 7,80

HEFT 245
Prof. Dr.-Ing. habil. K. Krekeler, Aachen
Das Verbinden von Metallen durch Kunstharzkleber.
Teil I: Eigenschaften und Verwendung der Metallklebstoffe *1956, 48 Seiten, 8 Abb., DM 10,25*

HEFT 246
Prof. Dr.-Ing. habil. K. Krekeler, Aachen
Das Verbinden von Metallen durch Kunstharzkleber.
Teil II: Untersuchungen an geklebten Leichtmetall-Verbindungen *1956, 80 Seiten, 40 Abb., DM 17,50*

HEFT 247
Dr. H. Söhngen, Darmstadt
Strömung vor einem Überschall-Laufrad
1956, 26 Seiten, 4 Abb., DM 7,60

HEFT 248
Rheinische Aktiengesellschaft für Braunkohlenbergbau und Brikettfabrikation, Köln
Untersuchung der Bindemitteleigenschaften von Braunkohlenfilteraschen
1956, 176 Seiten, 26 Abb., 30 Tabellen, DM 35,60

HEFT 249
Dr. M.-E. Meffert, Essen
Weitere Kulturversuche Scenedesmus obliquus
1956, 36 Seiten, 5 Abb., 10 Tabellen, DM 8,—

HEFT 250
Dr. F. Schwarz und Dr.-Ing. K. Alberti, Köln
Entwicklung von Untersuchungsverfahren zur Gütebeurteilung von Industriekalken
1956, 36 Seiten, 9 Abb., DM 16,50

HEFT 251
Prof. Dr. H. Bittel, Münster
Zur Statistik der ferromagnetischen Elementarvorgänge und ihren Einfluß auf das Barkhausenrauschen
1956, 52 Seiten, 14 Abb., DM 11,65

HEFT 252
Dipl.-Ing. H. Frings, Geilenkirchen
Die Wirkung abfallender Wetterführung auf Wettertemperatur, Grubengasgehalt und Staubbildung
1957, 126 Seiten, 23 Abb., 13 Falttafeln, 38 Tab., DM 35,70

HEFT 253
Dipl.-Ing. S. Schirmanski, Berghausen
Stand und Auswertung der Forschungsarbeiten über Temperatur- und Feuchtigkeitsgrenzen bei der bergmännischen Arbeit
1957, 80 Seiten, 24 Abb., 12 Tab., DM 17,10

HEFT 254
Prof. Dr. R. Danneel, Bonn
Quantitative Untersuchungen über die Entwicklung des Ehrlich-Ascitestumors bei Inzuchtmäusen
1956, 52 Seiten, 17 Tabellen, DM 11,75

HEFT 255
Ing. B. v. Schlippe, Bad Nauheim
Strömung von Flüssigkeiten mit temperaturabhängiger Zähigkeit (Kühlung von Öfen)
1956, 54 Seiten, 12 Abb., 4 Tabellen, DM 11,70

HEFT 256
Prof. Dr. C. Schmieden und Dipl.-Math. K. H. Müller, Darmstadt
Die Strömung einer Quellstrecke im Halbraum — eine strenge Lösung der Navier-Stokes-Gleichungen
1956, 40 Seiten, 9 Abb., DM 8,80

HEFT 257
Prof. Dr. G. Lehmann und Dr. J. Tamm, Dortmund
Die Beeinflussung vegetativer Funktionen des Menschen durch Geräusche
1956, 48 Seiten, 25 Abb., 3 Tabellen, DM 11,20

HEFT 258
Dr. H. Paul, Linz (Rhein), und Prof. Dr. O. Graf, Dortmund
Zur Frage der Unfälle im Bergbau
1956, 52 Seiten, 9 Abb., 22 Tabellen, DM 11,20

HEFT 259
Prof. D. W. Linke, Aachen
Strömungsvorgänge in künstlich belüfteten Räumen
1956, 52 Seiten, 37 Abb., 1 Tabelle, DM 11,80

HEFT 260
Prof. Dr. W. Kast, Freiburg (Br.), Prof. Dr. A. H. Stuart und Dipl.-Phys. H. G. Fendler, Hannover
Lichtzerstreuungsmessungen an Lösungen hochpolymerer Stoffe
1956, 70 Seiten, 25 Abb., 5 Tabellen, DM 15,60

HEFT 261
Prof. Dr. W. Kast, Freiburg (Br.)
Feinstruktur-Untersuchungen an künstlichen Zellulosefasern aus verschiedener Herstellungsverfahren
Teil II: Der Kristallisationszustand
1956, 80 Seiten, 27 Abb., 11 Tabellen, DM 17,20

HEFT 262
Dr.-Ing. W. Batel, Aachen
Untersuchungen zur Absiebung feuchter, feinkörniger Haufwerke und Schwingsieben
1956, 100 Seiten, 45 Abb., 5 Tabellen, DM 23,40

HEFT 263
Prof. Dr. H. Lange und Dipl.-Phys. R. Kohlhaas, Köln
Über die Wärmeleitfähigkeit von Stählen bei hohen Temperaturen: Teil I: Literaturbericht
1956, 48 Seiten, 26 Abb., 8 Tabellen, DM 10,70

HEFT 264
Prof. Dr. W. Weizel, Bonn
Durch schnelle Funkenzusammenbrüche ausgelöste Signale auf einer Leitung
1956, 26 Seiten, 4 Abb., 3 Tabellen, DM 6,10

HEFT 265
Prof. Dr. F. Micheel und Dr. R. Engel, Münster
Eine Apparatur zur elektrophoretischen Trennung von Stoffgemischen
1956, 38 Seiten, 21 Abb., DM 9,20

HEFT 266
Fliesen-Beratungsstelle Bad Godesberg-Mehlem
Güteeigenschaften keramischer Wand- und Bodenfliesen und deren Prüfmethoden
1956, 32 Seiten, DM 7,10

HEFT 267
Prof. Dr. W. Weizel und B. Brandt, Bonn
Zur Stabilität stromstarker Glimmentladungen
1956, 36 Seiten, 7 Abb., DM 8,40

WESTDEUTSCHER VERLAG · KÖLN UND OPLADEN

HEFT 268
Prof. Dr.-Ing. G. Vogelpohl, Göttingen
Über die Tragfähigkeit von Gleitlagern und ihre Berechnung
1956, 76 Seiten, 24 Abb., 7 Tabellen, DM 16,85

HEFT 269
Markscheider R. Bals, Bochum
Eignung des Gebirgsankerausbaus zur Erleichterung des Streckenvortriebs im Steinkohlenbergbau
1956, 84 Seiten, 41 Abb., DM 18,75

HEFT 270
Dr. H. Krebs und Mitarbeiter, Bonn
Die Trennung von Racematen auf chromatographischem Wege
1956, 62 Seiten, 18 Tabellen, DM 12,95

HEFT 271
Prof. Dr.-Ing. H. Opitz und Dipl.-Ing. H. Axer, Aachen
Beeinflussung des Verschleißverhaltens bei spanenden Werkzeugen durch flüssige und gasförmige Kühlmittel und elektrische Maßnahmen
1956, 46 Seiten, 28 Abb., DM 10,70

HEFT 272
Prof. Dr. W. Fuchs und Dr. H. Dresia, Aachen
Untersuchungen über die Schnellverbrennung und Schnellvergasung fester Brennstoffe
1956, 56 Seiten, 14 Abb., 3 Tabellen, DM 11,90

HEFT 273
Fa. K. W. Tacke G.m.b.H., Wuppertal-Barmen
Erfahrungen beim Verspinnen von Perlonfasern und bei der Herstellung von Trikotagen aus gesponnenem Perlon
1956, 36 Seiten, DM 7,90

HEFT 274
Prof. Dr.-Ing. K. Krekeler, Aachen
Qualitative Untersuchungen bei Verbindungsschweißungen mittels Lichtbogenschweißautomaten unter Verwendung von Blankdraht und Zugabe von ferromagnetischem Pulver als Umhüllung
1956, 68 Seiten, 40 Abb., 8 Tabellen, DM 15,45

HEFT 275
Prof. Dr.-Ing. habil. K. Krekeler, Aachen, und Dipl.-Ing. H. Verhoeven, Aachen
Quantitative Untersuchungen von Punktschweißverbindungen an Tiefzieh- und Aluminiumblechen, die nach dem Argonarc-Punktschweißverfahren hergestellt werden
1956, 64 Seiten, 45 Abb., DM 14,60

HEFT 276
Fa. E. Haage, Mülheim (Ruhr)
Entwicklungsarbeiten im Apparatebau für Laboratorien
1956, 48 Seiten, 18 Abb., DM 10,50

HEFT 277
Dr.-Ing. W. Müchler, Essen
Untersuchung und zahlenmäßige Bestimmung der Schneideigenschaften von Messern mit besonderer Berücksichtigung rostfreier Messerstähle
1956, 60 Seiten, 27 Abb., 5 Tabellen, DM 13,20

HEFT 278
Dipl.-Ing. J. Stelter und Dipl.-Ing. H. Kickert, Aachen
I. Sichtbarmachung von Ultraschallfeldern unter Verwendung photographischer Emulsionsschichten
II. Methode zur Bestimmung der wirklichen Temperaturverhältnisse in Flüssigkeiten während der Beschallung (Nach einer Diplom-Arbeit von H. Schnitzler)
1956, 54 Seiten, 24 Abb., DM 12,75

HEFT 279
Dr. F. Keune, Aachen
Der gewölbte und verwundene Tragflügel ohne Dicke in Schallnähe
1956, 42 Seiten, 15 Abb., DM 9,25

HEFT 280
Dipl.-Ing. J. Stelter und Dipl.-Ing. E. Pfende, Aachen
Über Störerscheinungen bei Schallgeschwindigkeitsmessungen mittels der Interferometermethode
1956, 42 Seiten, 13 Abb., DM 9,60

HEFT 281
Prof. Dr.-Ing. K. Lürenbaum, Aachen
Der Meßwagen des Instituts für Maschinen-Dynamik der Deutschen Versuchsanstalt für Luftfahrt, Aachen
1956, 34 Seiten, 17 Abb., DM 8,60

HEFT 282
Bergrat a. D. Scherer, Bochum
Das B. T.-Schwelverfahren und seine Anwendung auf der Anlage Marienau
1956, 44 Seiten, 7 Abb., DM 9,60

HEFT 283
Prof. Dr. F. Wever und Dr.-Ing. W. Lueg, Düsseldorf
Warmstauchversuche zur Ermittlung der Formänderungsfestigkeit von Gesenkschmiede-Stählen
1956, 44 Seiten, 19 Abb., DM 9,90

Heft 284
Prof. Dr. F. Wever, Düsseldorf, Dr.-Ing. H. J. Wiester, Essen, Dr.-Ing. F. W. Straßburg, Duisburg, Prof. Dr.-Ing. H. Opitz, Aachen, und Dr.-Ing. K. H. Fröhlich, Köln
Einfluß des Gefüges auf die Zerspanbarkeit von Einsatz- und Vergütungsstählen
1957, 88 Seiten, 126 Abb., 11 Tab., DM 22,45

HEFT 285
Prof. Dr.-Ing. O. Kienzle, Dr.-Ing. K. Lange, Hannover, und Dipl.-Ing. H. Meinert, Osterode
Einfluß der Oberfläche auf das Verschleißverhalten von Schmiedegesenken
1956, 62 Seiten, 29 Abb., 8 Tabellen, DM 14,60

HEFT 286
Dr.-Ing. K. Lange, Hannover, Dipl.-Ing. H. Meinert, Osterode, unter Mitarbeit von Dr.-Ing. H. Arend, Mülheim (Ruhr)
Verschleißverhalten hartverchromter Schmiedegesenke
1956, 74 Seiten, 53 Abb., 6 Tabellen, DM 17,65

HEFT 287
Prof. Dr.-Ing. habil. K. Krekeler, Aachen
Änderungen der mechanischen Eigenschaftswerte thermoplastischer Kunststoffe bei Beanspruchung in verschiedenen Medien
1956, 62 Seiten, 23 Abb., 5 Tabellen, DM 13,70

HEFT 288
Dr. K. Brücker-Steinkuhl, Düsseldorf
Anwendung mathematisch-statischer Verfahren in der Industrie
1956, 103 Seiten, 27 Abb., 14 Tabellen, DM 24,20

HEFT 289
Prof. Dr.-Ing. H. Winterhager, Aachen
Kombinierter Widerstands- und Lichtbogen-Vakuumofen zur Verarbeitung von Titanschwamm
Prof. Dr. Dr. h. c. R. Schwarz, Aachen
Erforschung neuer Wege zur Darstellung von Titanmetall
1957, 42 Seiten, 18 Abb., DM 9,70

HEFT 290
Dr. D. Horstmann, Düsseldorf
I. Der verstärkte Angriff des Zinks auf Eisen im Temperaturgebiet um 500° C
II. Einfluß eines Antimongehaltes auf den Angriff von Zinkschmelzen auf Eisen
1956, 48 Seiten, 33 Abb., 3 Tabellen, DM 11,90

HEFT 291
Dr.-Ing. H. J. Wiester und Dr. D. Horstmann, Düsseldorf
Der Angriff eisengesättigter Zinkschmelzen auf silizium- und manganhaltiges Eisen
1956, 52 Seiten, 45 Abb., 8 Tabellen, DM 12,60

HEFT 292
Dipl.-Ing. W. Rohs und Text.-Ing. H. Griese, Bielefeld
Webversuche an Leinenwebstühlen mit verbesserter Schaftbewegung
1956, 34 Seiten, 3 Abb., 2 Tabellen, DM 7,60

HEFT 293
Prof. J. W. Korte, unter Mitarbeit von Dipl.-Ing. P. A. Mäcke und Dipl.-Ing. W. Leutzbach, Aachen
Die Leistungsfähigkeit von Verkehrsanlagen des motorisierten städtischen Straßenverkehrs
1956, 98 Seiten, 35 Abb., 5 Tabellen, 1 Falttafel, DM 22,50

HEFT 294
Dipl.-Ing. B. Naendorf, Essen
Untersuchungen industrieller Gasbrenner
1956, 58 Seiten, 6 Abb., 3 Tabellen, DM 12,40

HEFT 295
Prof. Dr.-Ing. H. Opitz und Dipl.-Ing. H. Axer, Aachen
Untersuchung und Weiterentwicklung neuartiger elektrischer Bearbeitungsverfahren
1956, 42 Seiten, 27 Abb., DM 10,30

HEFT 296
Prof. Dr.-Ing. H. Opitz, Aachen
I. Untersuchungen an elektronischen Regelantrieben
II. Statische Untersuchungen zur Ausnutzung von Drehbänken
1956, 46 Seiten, 18 Abb., DM 10,40

HEFT 297
Dr. K. Schaarwächter, Düsseldorf
Die Reduktion von Siliziumtetrachlorid im Lichtbogen zur nachfolgenden Silizierung von Eisenblechen
in Vorbereitung

HEFT 298
Prof. Dr.-Ing. E. Oehler, Aachen
Untersuchung von kritischen Drehzahlen, die durch Kreiselmomente verursacht werden
1956, 50 Seiten, 35 Abb., DM 13,15

HEFT 299
Dr. J. Fassbender und W. Hoppe, Bonn
Eine photoelektrische Nachlaufeinrichtung für Analogie-Rechenmaschinen
1956, 20 Seiten, 8 Abb., DM 7,65

HEFT 300
Prof. Dr. E. Schütz und Privatdozent Dr. H. Caspers, Münster
Tierexperimentelle Untersuchungen über die Alkoholwirkungen auf Erregbarkeit und bioelektrische Spontanaktivität der Hirnrinde
1956, 44 Seiten, 6 Abb., 1 Tabelle, DM 9,55

HEFT 301
Prof. Dr. W. Weltzien, Dr. G. Cossmann und P. Diehl, Krefeld
Über die fraktionierte Füllung von Polyamiden (II)
1956, 54 Seiten, 1 Abb., 16 Tabellen, DM 11,30

HEFT 302
Prof. Dr.-Ing. W. Wegener und Dipl.-Ing. W. Zahn, Aachen
Untersuchungen von gesponnenen Garnen auf ihre Gleichmäßigkeit nach verschiedenen Meßmethoden
1957, 58 Seiten, 34 Abb., DM 15,20

HEFT 303
Prof. Dr. Ing. S. Kiesskalt, Aachen
Das Institut der Forschungsgesellschaft Verfahrenstechnik e. V. an der Technischen Hochschule Aachen
1956, 76 Seiten, 20 Abb., 3 Tabellen, DM 16,40

HEFT 304
Prof. Dr.-Ing. K. Krekeler, Düsseldorf, und Dipl.-Ing. A. Kleine-Albers, Aachen
Beitrag zur thermoelastischen Warmformbarkeit von Hart-PVC
1957, 72 Seiten, 29 Abb., DM 17,70

HEFT 305
Prof. Dr.-Ing. K. Krekeler, Düsseldorf, Dr.-Ing. H. Peukert, Aachen, und Dipl.-Ing. W. Schmitz, Siegburg
Heißgas-Schweißung von Hart-Polyvinylchlorid mit Zusatzwerkstoff
1956, 44 Seiten, 27 Abb., 5 Tabellen, DM 12,50

HEFT 306
Prof. Dr. B. Rensch, Münster
Elektrophysiologische Untersuchungen zur Analysierung der Bildung von Assoziationen und Gedächtnisspuren in Gehirn und Rückenmark
Prof. Dr. A. Loeser, Münster
Akute und chronische Giftwirkungen sauerstoffhaltiger Lösungsmittel
1956, 36 Seiten, 9 Abb., DM 8,90

HEFT 307
Privatdozent Dr. J. Juilfs, Krefeld
Vergleichende Untersuchungen zur elastischen und bleibenden Dehnung von Fasern
1956, 36 Seiten, 11 Abb., DM 8,30

HEFT 308
Privatdozent Dr. J. Juilfs, Krefeld
Zur Messung der Fadenglätte
1956, 22 Seiten, 10 Abb., 2 Tabellen, DM 8,—

HEFT 309
Prof. Dr. K. Cruse und Mitarbeiter, Clausthal-Zellerfeld
Aufbau und Arbeitsweise eines universell verwendbaren Hochfrequenz-Titrationsgerätes
1957, 48 Seiten, 29 Abb., DM 11,90

HEFT 310
Dr. P. F. Müller, Bonn
Die Integrieranlage des Rheinisch-Westfälischen Instituts für Instrumentelle Mathematik in Bonn
1956, 62 Seiten, 6 Abb., 30 Satzskizzen, DM 14,45

HEFT 311
Prof. Dr. F. Wever und Dr. M. Hempel, Düsseldorf
Dauerschwingfestigkeit von Stählen bei erhöhten Temperaturen
Teil I: Erkenntnisse aus bisherigen Dauerschwingversuchen in der Wärme
1956, 48 Seiten, 19 Abb., 2 Tabellen, DM 10,90

HEFT 312
Prof. Dr. F. Wever und Dr. M. Hempel, Düsseldorf
Dauerschwingfestigkeit von Stählen bei erhöhten Temperaturen
Teil II: Zug-Druck-Dauerschwingversuche an zwei warmfesten Stählen bei Temperaturen von 500 bis 650°
1956, 48 Seiten, 20 Abb., 3 Tabellen, DM 13,—

WESTDEUTSCHER VERLAG · KÖLN UND OPLADEN

HEFT 313
*Prof. Dr. F. Wever, Dr. W. Koch und
Dipl.-Phys. H. Rohde, Düsseldorf*
Änderungen des Babitus und der Gitterkonstanten des Zementits in Chromstählen bei verschiedenen Wärmebehandlungen
1956, 88 Seiten, 29 Abb., 8 Tabellen, DM 20,90

HEFT 314
Prof. Dr. F. Wever, Dr.-Ing. A. Krisch, Düsseldorf, und Dr.-Ing. H.-J. Wiester, Essen
Veränderungen im Gefügeaufbau von Chrom-Nickel-Molybdän-Stählen bei langzeitiger Beanspruchung im Zeitstandversuch bei 500°
1956, 48 Seiten, 26 Abb., 5 Tabellen, DM 11,70

HEFT 315
Prof. Dr. F. Wever und Dr.-Ing. A. Krisch, Düsseldorf
Metallkundliche Untersuchungen an Zeitstandproben
1956, 38 Seiten, 12 Abb., DM 9,15

HEFT 316
Dr. F. Keune, Aachen
Zusammenfassende Darstellung und Erweiterung des Aequivalenzsatzes für schallnahe Strömung
1956, 80 Seiten, 22 Abb., DM 17,90

HEFT 317
Dr.-Ing. J. Stelter, Aachen
Mikrobiologische Ultraschallwirkungen
1957, 106 Seiten, 41 Abb., 12 Tab., DM 23,90

HEFT 318
Dipl.-Ing. H. Kickert, Aachen
Über die Ausbreitung von Ultraschall in Luft
1957, 78 Seiten, 51 Abb., 7 Tab., DM 19,20

HEFT 319
Prof. Dr. C. Kröger, Aachen
Gemengereaktionen und Glasschmelze
1957, 118 Seiten, 53 Abb., 16 Tab., DM 26,—

HEFT 320
Dr. H.-E. Caspary, Köln
Verwendung von Szintillationszählern an Stelle von Zählrohren zur zerstörungsfreien Materialprüfung
1956, 42 Seiten, 13 Abb., 2 Tabellen, DM 10,10

HEFT 321
*Prof. Dr. F. Wever, Düsseldorf, und
Dr. W. Wepner, Köln*
Gleichzeitige Bestimmung kleiner Kohlenstoff- und Stickstoffgehalte im a-Eisen durch Dämpfungsmessung
1956, 30 Seiten, 3 Abb., 4 Tabellen, DM 6,80

HEFT 322
*Prof. Dr.-Ing. F. Bollenrath und
Dipl.-Ing. W. Domke, Aachen*
Eigenspannungen in vergüteten, dickwandigen Stahlzylindern nach Oberflächenhärtung mit induktiver Erwärmung
1956, 30 Seiten, 9 Abb., 2 Tabellen, DM 6,90

HEFT 323
Prof. Dr. R. Seyffert, Köln
Wege und Kosten der Distribution der Textilien, Schuh- und Lederwaren
1956, 98 Seiten, 37 Tabellen, 1 Falttaf., DM 12,—

HEFT 324
*Prof. Dr.-Ing. H. Opitz, Dr.-Ing. E. Saljé und
Dipl.-Ing. K. E. Schwartz, Aachen*
Richtwerte für das Außenrund-Längs- und Einstechschleifen
1956, 62 Seiten, 44 Abb., 2 Tabellen, DM 13,85

HEFT 325
Prof. Dr. E. Schratz, Münster
Pharmakognostische Untersuchungen am Medizinal-Rhabarber
1957, 62 Seiten, 29 Abb., 3 Tabellen, DM 17,90

HEFT 326
Prof. Dr.-Ing. E. Essers und Mitarbeiter, Aachen
Deichselkräfte an Lastzügen
1957, 96 Seiten, 34 Abb., DM 22,10

HEFT 327
*Prof. Dr.-Ing. habil. K. Krekeler und
Dr.-Ing. H. Peukert, Aachen*
Beitrag zur thermoelastischen Formbarkeit von Polyäthylen
1956, 56 Seiten, 49 Abb., 9 Tabellen, DM 12,80

HEFT 328
Dr. H. Maeder, Belo Horizonte
Schweißen von Temperguß
1957, 92 Seiten, 59 Abb., 42 Tabellen, DM 25,50

HEFT 329
*Dipl.-Ing. A. Krüger, Karlsruhe, und Feuerwehr-Ing.
R. Radusch, Dortmund*
Wasserzerstäubung im Strahlrohr
1956, 86 Seiten, 21 Abb., 3 Tabellen, DM 18,65

HEFT 330
Dipl.-Physiker E. Pepping, Aachen
Die Durchflußzahl des Rechteckschlitzes in einer sehr großen Wand
1957, 54 Seiten, 21 Abb., DM 12,35

HEFT 331
Dipl.-Ing. G. Bretschneider, Ruit
Die Messung der wiederkehrenden Spannung mit Hilfe des Netzmodelles
1957, 46 Seiten, 21 Abb., 2 Tab., DM 11,20

HEFT 332
Prof. Dr.-Ing. R. Jaeckel und Dr. G. Reich, Bonn
Messung von Dampfdrucken im Gebiet unter 10^{-2} Torr
1956, 42 Seiten, 16 Abb., 2 Tabellen, DM 10,40

HEFT 333
*Prof. Dipl.-Ing. W. Sturtzel und
Dr.-Ing. W. Graff, Duisburg*
I. Der Flachwassereinfluß auf den Form- und Reibungswiderstand von Binnenschiffen
II. Der Flachwassereinfluß auf die Nachstrom- und Sogverhältnisse bei Binnenschiffen
1956, 44 Seiten, 14 Abb., DM 9,80

HEFT 334
Prof. Dr. W. Weizel und Dr. G. Meister, Bonn
Spektralanalyse durch Messung des Interferenz-Kontrastes
1956, 42 Seiten, DM 9,80

HEFT 335
Prof. Dr. W. Weizel und H. Hornberg, Bonn
Untersuchungen der anodischen Teile einer Glimmentladung
1957, 62 Seiten, 14 Farbabb., 21 Abb., 1 Tab., DM 32,80

HEFT 336
Dr. Tung-ping Yao, Aachen
Die Viskosität metallischer Schmelzen
1957, 64 Seiten, 28 Abb., 2 Tab., DM 14,40

HEFT 337
Dr. R. Hoeppener und Dr. W. Bierther, Bonn
Tektonik und Lagestätten im Rheinischen Schiefergebirge
1957, 66 Seiten, 14 Abb., DM 16,25

HEFT 338
*Dr.-Ing. W. Wegener, Aachen, und
Dipl.-Ing. J. Schneider, M.-Gladbach*
Die Bedeutung der Knotenart für die Herabminderung der Fadenbrüche
1957, 40 Seiten, 6 Abb., DM 11,90

HEFT 339
*Prof. Dr.-Ing. W. Wegener und
Dipl.-Ing. W. Zahn, Aachen*
Vergleich des normalen mit verschiedenen abgekürzten Baumwollspinnverfahren in bezug auf Gleichmäßigkeit und Sortierungsstreuung der Garne
1956, 56 Seiten, 17 Abb., 17 Tabellen, DM 12,70

HEFT 340
Dipl.-Ing. W. Rohs und Dipl.-Ing. R. Otto, Bielefeld
Das Naßspinnen von Bastfasergarnen mit Spinnbadzusätzen unter Ausnutzung einer zentralen Spinnwasserversorgungsanlage
1956, 56 Seiten, 2 Abb., 6 Tabellen, DM 11,60

HEFT 341
Prof. Dr.-Ing. H. Winterhager und Dipl.-Ing. L. Werner, Aachen
Präzisions-Meßverfahren zur Bestimmung des elektrischen Leitvermögens geschmolzener Salze
1956, 44 Seiten, 19 Abb., 1 Tabelle, DM 10,60

HEFT 342
Prof. Dr.-Ing. H. Winterhager und Dipl.-Ing. W. Barthel, Aachen
Die Gewinnung von Titanschlackenkonzentraten aus eisenreichen Ilemniten
1957, 60 Seiten, 30 Abb., 6 Tab., DM 13,30

HEFT 343
*Prof. Dr.-Ing. W. Petersen, Aachen, und Dipl.-Ing.
S. Wawroschek, Aachen*
Die zweckmäßigsten Gütebestimmungsverfahren und Brikettierungsbedingungen bei der Erzeugung von Braunkohlen-Eisenerz-Briketts
1956, 64 Seiten, 28 Abb., DM 13,95

HEFT 344
Prof. Dr.-Ing. W. Fucks, Aachen
Zur Deutung einfachster mathematischer Sprachcharakteristiken
1956, 38 Seiten, 12 Abb., DM 7,80

HEFT 345
Dipl.-Ing. G. Cerbe und Dipl.-Ing. H. Monstadt, Essen
Konvektive Trocknung mit gasbeheizter Luft und Trocknung durch Gasstrahler
1957, 46 Seiten, 16 Abb., DM 10,40

HEFT 346
Dipl.-Ing. O. Arnold, Aachen
Erfahrungen mit Kernbohrungen zur Lagerstättenuntersuchung im Erzbergbau
1957, 36 Seiten, 2 Abb., 3 Falttaf. 6 Tab., DM 8,80

HEFT 347
S. Ruff, F. Kipp, H. Hansteen und G. Müller, Bonn
Untersuchungen zur Frage der Gehörschädigungen des fliegenden Personals der Propellerflugzeuge
1957, 50 Seiten, 27 Abb., 3 Tab., DM 11,10

HEFT 348
*Prof. Dr.-Ing. E. Piwowarsky
und Dr.-Ing. E. G. Nickel, Aachen*
Metallurgie eines hochwertigen Gußeisens mit kompakter bis kugelförmiger Graphitausbildung
1957, 54 Seiten, 27 Abb., 5 Tab., DM 13,30

HEFT 349
*Dr.-Ing. W. A. Fischer, Dr.-Ing. H. Treppschuh
und Dr.-Ing. K. H. Köthemann, Düsseldorf*
Tiegel aus Schmelzmagnesia für Vakuuminduktionsöfen
1957, 34 Seiten, 14 Abb., DM 8,40

HEFT 350
*Prof. Dr.-Ing. habil. K. Krekeler
und Dr.-Ing. H. Peukert, Aachen*
Das Spannungsverhalten der Kunststoffe bei der Verarbeitung
in Vorbereitung

HEFT 351
*Prof. Dr.-Ing. H. Opitz, Dipl.-Ing. H. Axer und
Dipl.-Ing. H. Rhode, Aachen*
Zerspanbarkeit hochwarmfester und nichtrostender Stähle. Teil I
1957, 96 Seiten, 73 Abb., 2 Tab., DM 21,80

HEFT 352
Dipl.-Ing. H. Fauser, Aachen
Fahrdynamik und Batterie-Arbeitsverbrauch von Akkumulatorenlokomotiven im Untertagebetrieb
1957, 152 Seiten, 78 Abb., DM 36,10

HEFT 353
Forschungsinstitut für Rationalisierung, Aachen
Schlagwortregister zur Rationalisierung
1957, 376 Seiten, DM 56,—

HEFT 354
Dipl.-Ing. D. Wagener, Aachen
Auswirkungen neuer Gaserzeugungs-Verfahren unter Berücksichtigung der Auswirkung auf den Kokereibetrieb
in Vorbereitung

HEFT 355
*Prof. Dr.-Ing. habil. K. Krekeler, Dr.-Ing. H. Peukert und
Dipl.-Ing. A. Kleine-Albers, Aachen*
Heißgas-Schweißungen von Weich-Polyvinylchlorid mit Zusatzwerkstoff
1957, 44 Seiten, 19 Abb., DM 11,—

HEFT 356
Dipl.-Phys. G. Gurke, Aachen
Aufbau einer Meßanlage für Untersuchungen elektrischer Gasentladung im Bereiche großer p. d.-Werte
1956, 38 Seiten, 13 Abb., DM 8,65

HEFT 357
Prof. Dr.-Ing. W. Fucks, Aachen
Mathematische Analyse der Formalstruktur von Musik
in Vorbereitung

HEFT 358
*Prof. Dr. rer. nat. W. Weltzien, Dipl.-Chem. P. Ringel
und Text.-Ing. H. Kirchhoff, Krefeld*
Die Waschechtheit von Färbungen. Vergleichende Untersuchungen auf dem Gebiete der Echtheitsprüfung
in Vorbereitung

HEFT 359
Dr.-Ing. F. J. Meister, Düsseldorf
Veränderung der Hörschärfe, Lautheitsempfindung und Sprachaufnahme während des Arbeitsprozesses bei Lärmarbeitern
1957, 84 Seiten, 11 Abb., 40 Audiogramme, 41 Tab., DM 19,90

HEFT 360
Dr.-Ing. E. Barz, Remscheid
Fertigungsverfahren und Spannungsverlauf bei Kreissägeblättern für Holz
1957, 72 Seiten, 40 Abb., DM 17,—

HEFT 361
Dipl.-Ing. H. F. Klein, Aachen
Die nichtstationären Strömungsvorgänge und der Wärmeübergang in einem Schwingfeuergerät
1957, 84 Seiten, 34 Abb., 4 Falttafeln, DM 25,90

HEFT 362
*Prof. Dr. med. G. Lehmann und Dipl.-Phys.
D. Dieckmann, Dortmund*
Die Wirkung mechanischer Schwingungen (0,5 bis 100 Hertz) auf den Menschen
1957, 100 Seiten, 53 Abb., 6 Tab., DM 22,50

WESTDEUTSCHER VERLAG · KÖLN UND OPLADEN

HEFT 363
Dr.-Ing. U. Domm, Frankenthal (Pfalz)
Über eine Hypothese, die den Mechanismus der Turbulenz-Entstehung betrifft
1956, 28 Seiten, 4 Abb., DM 6,45

HEFT 364
Prof. Dr. Th. Beste, Köln
Die Mehrkosten bei der Herstellung ungängiger Erzeugnisse im Vergleich zur Herstellung vereinheitlichter Erzeugnisse
1957, 352 Seiten, DM 50,—

HEFT 365
Sozialforschungsstelle an der Universität Münster, Dortmund
Standort und Wohnort
1957, Textband: 350 Seiten, 28 Karten, 73 Tab.
Anlageband: 15 Karten, 21 Tab., DM 99,—

HEFT 366
Versuchsanstalt für Binnenschiffbau e. V., Duisburg
Bei Flachwasserfahrten durch die Strömungsverteilung am Boden und an den Seiten stattfindende Beeinflussung des Reibungswiderstandes von Schiffen
1957, 96 Seiten, 39 Abb., 28 Tab., DM 20,40

HEFT 367
Dr. rer. nat. D. Horstmann, Düsseldorf
Der Angriff eisengesättigter Zinkschmelzen auf kohlenstoff-, schwefel- und phosphorhaltiges Eisen
1957, 52 Seiten, 22 Abb., 6 Tab., DM 12,85

HEFT 368
Prof. Dr. phil. H. Kaiser, Dortmund
Entwicklung betriebsmäßiger spektrochemischer Analysenverfahren für technische Gläser
1957, 40 Seiten, 11 Abb., DM 9,10

HEFT 369
Prof. Dr.-Ing. R. Jaeckel und Dipl.-Phys. F. J. Schittko, Bonn
Gasabgabe von Werkstoffen ins Vakuum
1957, 48 Seiten, 20 Abb., 6 Tab., DM 13,30

HEFT 370
Dr. phil. habil. F. Schwarz, Köln
Physikochemische Grundlagen der Bildsamkeit von Kalken unter Einbeziehung des Begriffes der aktiven Oberfläche
in Vorbereitung

HEFT 371
Dr. phil. W. Lejeune, Köln
Beitrag zur statistischen Verifikation der Minderheiten-Theorie
in Vorbereitung

HEFT 372
Prof. Dr. phil. M. von Stackelberg, Bonn
Untersuchungen zur Ausarbeitung und Verbesserung von polarographischen Analysenmethoden. 2. Bericht
1957, 44 Seiten, 9 Abb., 7 Tab., DM 10,10

HEFT 373
Dipl.-Ing. H. J. Koch, Essen
Druckgasfeuerung — ein Verfahren zum Betrieb von Gasfeuerstätten
1957, 38 Seiten, 8 Abb., 10 Tab., DM 8,50

HEFT 374
Dr. E. Paproth, Krefeld
Paläontologische Bearbeitung der in den devonischen Schichten des Siegerlandes enthaltenen Faunen
1957, 38 Seiten, 3 Tab., DM 8,30

HEFT 375
Technischer Überwachungsverein e. V., Essen
Wanddickenmessungen mittels radioaktiver Strahlen und Zählrohrgerät
in Vorbereitung

HEFT 376
Technischer Überwachungsverein e. V., Essen
Wasserumlaufprobleme an Hochdruckkesseln
in Vorbereitung

HEFT 377
Technischer Überwachungsverein e. V., Essen
Versuche an Wanderrostkesseln mit befeuchteter Verbrennungsluft
in Vorbereitung

HEFT 378
Oberingenieur H. Stein, M.-Gladbach
Beobachtung und maßtechnische Erfassung der Vorgänge im Spinn- und Aufwindefeld von Ringspinn- und Ringzwirnmaschinen
1957, 104 Seiten, 88 Abb., 3 Tabellen, DM 26,90

HEFT 379
Laboratorium für textile Meßtechnik, M.-Gladbach
Schußfadenspannung beim Weben
1957, 76 Seiten, 17 Abb., 3 Tabellen, DM 18,60

HEFT 380
Dipl.-Phys. R. Trappenberg, Karlsruhe
Theoretische und experimentelle Untersuchungen zur Staubverteilung einer Rauchfahne
1957, 64 Seiten, 7 Abb., 18 Tabellen, DM 14,90

HEFT 381
Dr. J. Juilfs, Krefeld
Zur Dichtebestimmung von Fasern. Methoden und Beispiele der praktischen Anwendung
1957, 76 Seiten, 34 Abb., 18 Tabellen, DM 17,—

HEFT 382
Dr. phil. habil. P. Hölemann, Ing. R. Hasselmann und Ing. G. Dix, Dortmund
Die Messung von Flammen und Detonationsgeschwindigkeiten bei der explosiven Zersetzung von Acetylen in Rohren
1957, 36 Seiten, 7 Abb., 4 Tab., DM 8,10

HEFT 383
Dr. phil. habil. P. Hölemann und Ing. R. Hasselmann, Dortmund
Verlauf von Azetylenexplosionen in Rohren bei Gegenwart von porösen Massen
1957, 68 Seiten, 10 Abb., 15 Tabellen, DM 16,90

HEFT 384
Prof. Dr.-Ing. H. Opitz, Aachen
Schwingungsuntersuchungen an Werkzeugmaschinen
in Vorbereitung

HEFT 385
Prof. Dr.-Ing. H. Opitz, Aachen
Zerspanbarkeit hochwarmfester und nichtrostender Stähle. Teil II
1957, 86 Seiten, 54 Abb., 5 Tabellen, DM 19,30

HEFT 386
Prof. Dr.-Ing. H. Opitz, Aachen
Standzeituntersuchungen und Verschleißmessungen mit radioaktiven Isotopen
in Vorbereitung

HEFT 387
Prof. Dr. med. W. Kikuth und Dozent Dr. med. L. Grün, Düsseldorf
Die Verhütung von Infektion durch Desinfektion des Raumes und der Raumluft
1957, 96 Seiten, 14 Abb., 20 Tab., DM 22,50

HEFT 388
Prof. Dr. rer. nat. habil. W. Baumeister und Dr. rer. nat. H. Burghardt, Münster
Die Bedeutung der Elemente Zink und Fluor für das Pflanzenwachstum
1957, 48 Seiten, 17 Tab. DM 10,20

HEFT 389
Prof. Dr.-Ing. habil. H. Fink und K. W. Hoppenhaus, Köln
Die biologische Eiweiß-Synthese von höheren und niederen Pilzen und die alimentäre Lebernekrose der Ratte
1957, 76 Seiten, 2 Abb., 24 Tab., DM 15,60

HEFT 390
Dr.-Ing. J. Endres und Dr.-Ing. G. Hiebel, München
Berechnung der optimalen Leistungen, Kraftstoffverbräuche und Wirkungsgrade von Luftfahrt-Gasturbinen-Triebwerken am Boden und in der Höhe bei Fluggeschwindigkeiten von 0—2000 km/h und bei vorgegebenen Düsenausströmgeschwindigkeiten
in Vorbereitung

HEFT 391
Prof. Dr. phil. F. Wever, Dr. phil. W. Koch und Dipl.-Chem. F. Stricker, Düsseldorf
Die quantitative spektrographische Analyse von Gasgemischen aus Kohlenmonoxyd, Wasserstoff und Stickstoff
1957, 48 Seiten, 21 Abb., 3 Tab., DM 11,30

HEFT 392
Prof. Dr. phil. F. Wever u. a., Düsseldorf
Untersuchungen über den Konverterrauch im Hinblick auf die spektrale Überwachung des Thomasprozesses
1957, 48 Seiten, 14 Abb., 4 Tab., DM 12,50

HEFT 393
Dr.-Ing. O. Viertel und S. Brückner-Lucas, Krefeld
Arbeitszeitstudien an Haushaltwaschmaschinen
1957, 74 Seiten, 8 Abb., 13 Tab., DM 17,30

HEFT 394
Privatdozent Dr. med. W. Koch, Münster
Die Ablagerung radioaktiver Substanzen im Knochen
in Vorbereitung

HEFT 395
Dipl.-Ing. L. Hahn, Clausthal-Zellerfeld
Untersuchungen zur Frage des optimalen Bohrloch- und Patronendurchmessers
1957, 132 Seiten, 49 Abb., 19 Tab., DM 31,25

HEFT 396
Prof. Dr.-Ing. F. Schultz-Grunow, Dr.-Ing. A. Jogerich, Essen, Dipl.-Ing. H. Meyer, cand. ing. P. Sand, Aachen
Untersuchungen des Luftwiderstandes von Güterwagen
1957, 42 Seiten, 18 Abb., 5 Tab., DM 10,90

HEFT 397
Techn.-Wissenschaftliches Büro für die Bastfaserindustrie, Bielefeld
Ungleichmäßigkeiten in Bändern von Bastfaserkarden, ihre Ursachen und Auswirkungen
1957, 60 Seiten, 18 Abb., 1 Tab., DM 14,80

HEFT 398
Prof. Dr. habil. H. E. Schwiete, Aachen, u. a.
Einlagerungsversuche an synthetischem Mullit I. — Die Zusammensetzung der Schmelzphase in Schamottesteinen I
1957, 58 Seiten, 6 Abb., 9 Tab., DM 14,40

HEFT 399
Prof. Dr. habil. H. E. Schwiete und Dr.-Ing. R. Vinkeloe, Aachen
Möglichkeiten der quantitativen Mineralanalyse mit dem Zählrohrgerät unter besonderer Berücksichtigung der Mineralgehaltsbestimmung von Tonen
in Vorbereitung

HEFT 400
Prof. Dr. phil. W. Fuchs und Dipl.-Chem. H. Weyerstrass, Aachen
Entwicklung eines Heißfilters zur Reinigung von Gichtgas eines mit Kohle betriebenen Niederschachtofens
1958, 88 Seiten, 30 Abb., DM 20,20

HEFT 401
Prof. Dr.-Ing. M. Lipp und Dipl.-Chem. G. Frielingsdorf, Aachen
Darstellung reaktionsfähiger Verbindungen des Camphansystems und Versuche zu deren Fluorierung
1957, 84 Seiten, DM 17,—

HEFT 402
Prof. Dr. W. Linke, Aachen
Die Wärmeübertragung durch Thermopane-Fenster
in Vorbereitung

HEFT 403
Prof. Dr.-Ing. P. Denzel und Dipl.-Ing. W. Cremer, Aachen
Verbesserung der Benutzungsdauer der Höchstlast in ländlichen Netzen durch Anwendung elektrischer Geräte in der Landwirtschaft
1957, 46 Seiten, 23 Abb., DM 12,10

HEFT 404
Prof. Dr. R. Jaeckel und Dipl.-Phys. F. Gross, Bonn
Die Löslichkeit von Gasen in schwerflüchtigen organischen Flüssigkeiten
1957, 46 Seiten, 17 Abb., 1 Tab., DM 11,50

HEFT 405
Prof. Dr.-Ing. H. Opitz und Dipl.-Ing. H. Schuler, Aachen
Untersuchungen für einen Wirtschaftlichkeitsvergleich der Feinbearbeitungsverfahren
in Vorbereitung

HEFT 406
W. Kirsch, Remscheid
Entwicklungsarbeiten auf dem Gebiete des Korrosionsschutzes
1957, 86 Seiten, 28 Abb., 11 Tabellen, DM 19,—

HEFT 407
Prof. Dr.-Ing. H. Schenk, Aachen, und Dr.-Ing. W. Wenzel, Bad Godesberg
Entwicklungsarbeiten auf dem Gebiete der Verhüttung von Erzstaub in Schmelzkammern
1957, 82 Seiten, 9 Abb., 18 Tabellen, DM 17,10

HEFT 408
Prof. Dr. phil. F. Wever, Dr.-Ing. W. Lueg und Dr.-Ing. H. G. Müller, Düsseldorf
Kraft- und Arbeitsbedarf beim Warmscheren von Stahl in Abhängigkeit von Temperatur und Schnittgeschwindigkeit
1957, 46 Seiten, 15 Abb., 3 Tab., DM 11,35

WESTDEUTSCHER VERLAG · KÖLN UND OPLADEN

HEFT 409
Prof. Dr. phil. F. Wever, Dr. phil. W. Koch, Dr. rer. nat. Ch. Ilschner-Gensch und Dipl.-Phys. H. Rohde, Düsseldorf
Das Auftreten eines kubischen Nitrids in aluminiumlegierten Stählen
1957, 38 Seiten, 12 Abb., 3 Tabellen, DM 10,10

HEFT 410
Prof. Dr. phil. F. Wever, Prof. Dr. rer. techn. A. Kochendörfer, Dr. phil. nat. M. Hempel, Düsseldorf und Dipl.-Phys. E. Hillenhagen, Köln
Biegewechselversuche mit Flachproben aus Alpha-Eisen-Einkristallen zur Bestimmung der Wechselfestigkeit und der Gleitspuren
1957, 112 Seiten, 58 Abb., 3 Tabellen, DM 30,—

HEFT 411
Prof. Dr. W. Halbsguth und Dr. L. Sommer, Frankfurt/M.
Grundlegende Versuche zur Keimungsphysiologie von Pilzsporen
1957, 100 Seiten, 13 Abb., 32 Tabellen., DM 22,70

HEFT 412
Prof. Dr.-Ing. H. Opitz, Aachen
Kennwerte und Leistungsbedarf für Werkzeugmaschinengetriebe
in Vorbereitung

HEFT 413
Prof. Dr.-Ing. H. Opitz, Aachen
Richtwerte für das Fräsen von unlegierten und legierten Baustählen mit Hartmetall, Teil II
1957, 56 Seiten, 35 Abb., 4 Tabellen, DM 14,40

HEFT 414
Dr. med. H. K. Parchwitz und Dr. med. C. Winkler, Bonn
Speicherung organischer Farbstoffe und künstlich radioaktiver Substanzen in Geschwülsten
1958, 46 Seiten, 14 Abb., DM 13,35

HEFT 415
Prof. Dr.-Ing. W. Paul, Dr. rer. nat. O. Osberghaus und Dipl.-Phys. E. Fischer, Bonn
Ein Ionenkäfig
in Vorbereitung

HEFT 416
Oberreg.-Gewerberat Dipl.-Ing. G. Steinicke, Hamburg
Die Wirkung von Lärm auf den Schlaf des Menschen
1957, 46 Seiten, 14 Abb., 8 Tab., DM 11,60

HEFT 417
Prof. Dr.-Ing. habil. E. Rößger, Berlin
I. Teil: Die Entwicklung des Weltluftverkehrs, Ergänzungsbericht 1954
II. Teil: Die zivile Luftfahrtpolitik der USA
1957, 230 Seiten, 6 Abb., 83 Tab., DM 48,—

HEFT 418
O. Gdaniec, Mülheim/Ruhr
Über die Randlochkarte als Hilfsmittel in der Dokumentation
1957, 44 Seiten, 15 Abb., 8 Tab., DM 10,10

HEFT 419
Dipl.-Ing. K. Brooks
Die Messungen der Reflexionseigenschaften künstlicher und natürlicher Materialien mit quasi-optischen Methoden bei Mikrowellen
1957, 78 Seiten, 52 Abb., DM 20,35

HEFT 420
Dipl.-Ing. M. Vogel, Oberpfaffenhofen
Das Spektralgebiet zwischen dem langwelligen Ultrarot und Mikrowellen
1957, 66 Seiten, 2 Abb., DM 13,50

HEFT 421
ORR Dipl.-Volkswirt Dr. H. Rogmann, Düsseldorf
Die Erforschung der Verkehrskonjunktur und der langzeitigen Dynamik in der Verkehrswirtschaft (Zusammenfassung der eingegangenen Stellungnahmen und Vorschläge)
1957, 168 Seiten, 3 Falttafeln, DM 26,60

HEFT 422
Prof. Dr.-Ing. K. Leist und Dipl.-Ing. W. Dettmering, Aachen
Prüfstände zur Messung der Druckverteilung an rotierenden Schaufeln
in Vorbereitung

HEFT 423
Prof. Dr.-Ing. K. Leist und Dr.-Ing. O. Thun, Aachen
Strömungsmessungen über Brennkammer-Wirkungsgrade
in Vorbereitung

HEFT 424
Prof. Dr.-Ing. K. Leist und Dipl.-Ing. I. Weber, Aachen
Spannungsoptische Untersuchungen von rotierenden Scheiben mit exzentrischen Bohrungen
in Vorbereitung

HEFT 425
Dipl.-Ing. H. Lübke, Hamburg
Gasturbinen und Strahlantriebe für Hubschrauber
in Vorbereitung

HEFT 426
Prof. Dr.-Ing. H. Opitz und Dipl.-Ing. W. Scholz, Aachen
Untersuchungen über den Räumvorgang
1957, 74 Seiten, 36 Abb., 7 Tab., DM 16,55

HEFT 427
Dr.-Ing. J. Endres, München
Kinematische Untersuchung eines Zweitakt-Hochleistungs-Dieseltriebwerks mit achsparallelen Zylindern und gegenläufigen Kolben
in Vorbereitung

HEFT 428
Dr.-Ing. J. Endres, München
Untersuchungen der Beschleunigungsverhältnisse eines Zweitakt-Hochleistungs-Dieseltriebwerks mit achsparallelen Zylindern und gegenläufigen Kolben
in Vorbereitung

HEFT 429
Prof. Dr. O. Kuhn, Köln
Selektive Wirkung verschiedener Stoffgruppen auf tierische Gewebe
1957, 54 Seiten, 32 Abb., DM 13,15

HEFT 430
Prof. Dr. G. Garbotz, Aachen und Dr.-Ing. G. Dress, Cadiz
Untersuchungen über das Kräftespiel an Flachbagger-Schneidwerkzeugen in Mittelsand und schwach bindigem, sandigem Schluff unter besonderer Berücksichtigung der Planierschilde und ebenen Schürfkübelschneiden
in Vorbereitung

HEFT 431
Prof. Dr.-Ing. H. Winterhager, Dr.-Ing. R. Kammel und Dipl.-Ing. W. Barthel, Aachen
Fortschritte auf dem Gebiet der Titanmetallurgie 1950—1955
1957, 160 Seiten, DM 34,50

HEFT 432
Dipl.-Phys. R. Werz, Bonn
Die Entwicklung einer Synchrozyklotron-Ionenquelle
in Vorbereitung

HEFT 433
Dr.-Ing. G. Satlow, Aachen
Über einige physikalische und chemische Eigenschaften der Wolle von der gewaschenen Wolle bis zum Kammzug
1957, 72 Seiten, 15 Abb., 19 Tab., DM 15,25

HEFT 434
Dipl.-Ing. W. Rohs und Dr. J. Geurten, Bielefeld
Schlichten für Baumwollgarne
1957, 108 Seiten, 3 Abb., zahlreiche Tab., DM 23,70

HEFT 435
Dipl.-Ing. W. Rohs und Dipl.-Ing. L. Steinmetz, Bielefeld
Die Masseungleichmäßigkeit von Flachstreckenbändern in Abhängigkeit von Verzug und Dopplung
1957, 42 Seiten, 4 Abb., 2 Tabellen, DM 9,90

HEFT 436
Priv.-Doz. Dr. habil. J. Juilfs, Krefeld
Zur Bestimmung der Reißlast (Zugfestigkeit) von Fasern, Fäden und Garnen
in Vorbereitung

HEFT 437
Prof. Dr. G. Schmölders und Dr. I. Meyer, Köln
Geldwertbewußtsein und Münzpolitik. — Das sogenannte Gresham'sche Gesetz im Lichte der ökonomischen Verhaltensforschung
1957, 92 Seiten, DM 20,30

HEFT 438
Prof. Dr.-Ing. H. Winterhager und Dr.-Ing. L. Werner, Aachen
Bestimmung des elektrischen Leitvermögens geschmolzener Fluoride
1957, 52 Seiten, 18 Abb., 10 Tab., DM 11,90

HEFT 439
Prof. Dr. phil. H. Lange, Köln und Dr. rer. nat. R. Kohlhaas, Neuß/Rh.
Anwendung der thermomagnetischen Analyse zum Studium des Umwandlungsverhaltens von Eisenwerkstoffen im Temperaturbereich von —150°C bis +1500°C
in Vorbereitung

HEFT 440
Dr.-Ing. H. Wolf, Aachen
Gekoppelte Hochfrequenzleitungen als Richtkoppler
in Vorbereitung

HEFT 441
Dr. phil. habil. P. Hölemann und Ing. R. Hasselmann, Düsseldorf
Messung des Temperatur- und Druckverlaufes beim Füllen und Entspannen von Dissousgas
1957, 52 Seiten, 6 Abb., 7 Tab., DM 11,25

HEFT 442
Dipl.-Ing. W. Rohs, Text.-Ing. Griese und Text.-Ing. W. Lauer, Bielefeld
Die Auswirkungen der Trocknungsart naßgesponnener Leinengarne auf deren Verarbeitungswirkungsgrad sowie auf die Festigkeits- und Dehnungseigenschaften der Garne und Gewebe
1957, 28 Seiten, 2 Abb., 3 Tab., DM 6,50

HEFT 443
Prof. Dr. phil. W. Weizel und K. Kluth, Bonn
Über die Struktur der positiven Gleitentladungen
1957, 44 Seiten, 30 Abb., DM 12,20

HEFT 444
Dr.-Ing. W. Wilhelm, Aachen
Einfluß der Saugrohrabmessung, der Einlaßsteuerlage und der Größe des Kurbelkastenvolumens auf den Ladungswechsel eines Einzylinder-Zweitakt-Dieselmotors
in Vorbereitung

HEFT 445
Dr.-Ing. E. Barz, Remscheid
Fertigungs- und Prüfverfahren für Feilen
vergriffen

HEFT 446
Dr. med. G. Schäfer
Glutationsstoffwechsel und Sauerstoffmangel
1957, 28 Seiten, 5 Tab., DM 6,40

HEFT 447
Prof. Dr.-Ing. F. Bollenrath, Aachen, Dr.-Ing. H. Füllenbach, Seesen/Harz und Dipl.-Ing. J. Schumacher, Neubeckum/Westf.
Entwicklung rationell arbeitender Spritzkabinen
in Vorbereitung

HEFT 448
Dr. med. C. Winkler, Bonn
Ein Koinzidenz-Szintillometer zum Zwecke der Schilddrüsenfunktionsdiagnostik und der Tumordiagnostik
1957, 32 Seiten, 12 Abb., DM 8,35

HEFT 449
Priv.-Doz. Oberbaurat Dr.-Ing. W. Meyer zur Capellen und Mitarbeiter, Aachen
Bewegungsverhältnisse an der geschränkten Schubkurbel
in Vorbereitung

HEFT 450
Prof. Dr.-Ing. W. Paul, Bonn, und Dipl.-Phys. H. P. Reinhard, M.-Gladbach
Das elektrische Massenfilter als Isotopentrenner
in Vorbereitung

HEFT 451
Prof. Dr. G. Schmölders, Köln
Rationalisierung und Steuersystem
1957, 78 Seiten, DM 17,15

HEFT 452
Prof. Dr. rer. nat. W. Weltzien und Dr. phil. K. Windeck, Krefeld
Veränderungen an Fasern bei der Bleiche mit Natriumchlorid und über einige Vergilbungserscheinungen
1957, 64 Seiten, 3 Abb., 13 Tabellen, DM 14,85

HEFT 453
Forschungsinstitut der Feuerfest-Industrie, Bonn
Die Arbeiten der technisch-wissenschaftlichen Kommission der PRE (Vereinigung der europäischen Feuerfest-Industrie)
1957, 62 Seiten, 9 Abb., 18 Tabellen, DM 14,75

HEFT 454
Dr.-Ing. W. Piepenburg, Dipl.-Ing. B. Bühling und Bauing. J. Behnke, Köln
Haftfestigkeit der Putzmörtel
in Vorbereitung

WESTDEUTSCHER VERLAG · KÖLN UND OPLADEN

HEFT 455
Dr.-Ing. W. A. Fischer, Dr.-Ing. H. Treppschuh und Dipl.-Phys. K. H. Köthemann, Düsseldorf
Erschmelzung von Reinsteisen nach dem Kohlenstoffproduktionsverfahren und Kerbschlagzähigkeit-Temperatur-Kurven dieses Eisens
1957, 38 Seiten, 7 Abb., 6 Tabellen, DM 9,35

HEFT 456
Priv.-Doz. Dir. Dr.-Ing. K. Bungardt, Essen
Zeitstandversuche an austenitischen Stählen und Legierungen
in Vorbereitung

HEFT 457
Prof. Dr. phil. F. Wever, Düsseldorf und Dr. phil. W. Wepner, Köln
Dämpfungsmessungen an schwach gereckten Eisen-Kohlenstoff-Legierungen
1957, 34 Seiten, 7 Abb., 3 Tab., DM 8,40

HEFT 458
Prof. Dr.-Ing. H. Schenck und Dr.-Ing. E. Schmidtmann, Aachen
Das Frischen von Thomas-Roheisen mit Sauerstoff-Wasserdampf-Gemischen und die Eigenschaften der damit erblasenen Stähle
1957, 62 Seiten, 56 Abb., DM 16,35

HEFT 459
Prof. Dr. phil. F. Wever, Dr. phil. O. Krisement und Hanna Schädler, Düsseldorf
Ein isothermes Mikrokalorimeter zur kinetischen Messung von Umwandlungs- und Ausscheidungsvorgängen in Legierungen
1957, 44 Seiten, 14 Abb., DM 10,75

HEFT 460
Prof. Dr. phil. F. Wever und Dr. rer. nat. B. Ilschner, Düsseldorf
Ein isothermes Lösungskalorimeter zur Bestimmung thermo-dynamischer Zustandsgrößen von Legierungen
1957, 44 Seiten, 7 Abb., 4 Tabellen, DM 10,40

HEFT 461
Prof. Dr.-Ing. habil. E. Piwowarski †, Prof. Dr.-Ing. W. Patterson und Dipl.-Ing. F. W. Iske, Aachen
Verbesserung der Zähigkeitseigenschaften von Bessemer-Stahlguß
1958, 54 Seiten, 15 Abb., 16 Tabellen, DM 12,75

HEFT 462
Prof. Dr. rer. nat. J. Weissinger
Zur Aerodynamik des Ringflügels — II. Die Ruderwirkung
Zur Aerodynamik des Ringflügels — III. Der Einfluß der Profildicken
1957, 82 Seiten, 7 Abb., 6 Tabellen, DM 18,20

HEFT 463
Dipl.-Ing. G. Plüss, Essen-Steele
Die Aufteilung der verbrennlichen Bestandteile in Verbrennungsgasen auf CO und H_2 bei Verbrennung mit Luftunterschuß und bei Luftüberschuß und künstlicher Flammenkühlung
1957, 34 Seiten, 7 Abb., 2 Tabellen, DM 8,40

HEFT 464
Dr. rer. habil. P. Hölemann und Ing. R. Hasselmann, Dortmund
Die Möglichkeit der Zündung von Acetylen in Rohrleitungen beim Ausbleiben mit Stickstoff
1957, 38 Seiten, 6 Abb., 6 Tabellen, DM 9,20

HEFT 465
Dr.-Ing. R. Koch, Köln
Amerikanische Fertigungsunterlagen und ihre Werkstattreifmachung für deutsche Betriebe
in Vorbereitung

HEFT 466
Prof. Dr.-Ing. J. Mathieu, Aachen
Überbetrieblicher Verfahrensvergleich
in Vorbereitung

HEFT 467
Prof. Dr. Dr. h. c. E. Klenk und Dr. phil. H. Faillard, Köln
Neue Erkenntnisse über den Mechanismus der Zellinfektion durch Influenzavirus
Die Bedeutung der Neuraminsäure als Zellreceptor für das Influenzavirus
1957, 52 Seiten, 5 Abb., DM 14,40

HEFT 468
Prof. Dr. med. Dr. med. dent. G. Korkhaus und Dr. med. R. Alfter, Bonn
Die Vakuumwurzelbehandlung
in Vorbereitung

HEFT 469
Dr. sc. agr. F. Riemann und Dipl.-Volksw. R. Hengstenberg, Göttingen
Zur Industrialisierung kleinbäuerlicher Räume
1957, 138 Seiten, 4 Karten, 23 Tab., DM 27,—

HEFT 470
O. Wehrmann
Hitzdrahtmessungen in einer aufgespaltenen Kármánschen Wirbelstraße
1957, 42 Seiten, 14 Abb., 4 Tabellen, DM 10,90

HEFT 471
Prof. Dr. phil. habil. A. Naumann, Dr.-Ing. A. Heyser und Dr. phil. Dipl.-Ing. W. Trommsdorf, Aachen
Der Überdruck-Windkanal in Aachen
1957, 44 Seiten, 20 Abb., DM 11,—

HEFT 472
Dipl.-Ing. A. Freitag, Essen-Steele
Verhalten von Katalytstrahlern bei Betrieb mit Luftvormischung zum Gas und der Verbrennung von Luft gegen eine Gasatmosphäre
in Vorbereitung

HEFT 473
Prof. Dr. phil. F. Wever, Dr.-Ing. W. Lueg und Dipl.-Ing. P. Funke jr. Düsseldorf
Versuche an einer hydraulischen 25 t-Stangenziehbank
1957, 34 Seiten, 11 Abb., DM 8,95

HEFT 474
Dr.-Ing. R. Ibing und Dipl.-Ing. G. Meier, Hannover
Eichung und Entwicklung von Staubentnahmesonden
in Vorbereitung

HEFT 475
Prof. Dipl.-Ing. W. Sturtzel, Obering. Helm und Dipl.-Ing. Heuser, Duisburg
Systematische Ruderversuche mit einem Schleppkahn und einem Binnenselbstfahrer vom Typ „Gustav Koenigs"
in Vorbereitung

HEFT 476
Prof. Dipl.-Ing. W. Sturtzel und Dipl.-Ing. Schmidt-Stiebitz, Duisburg
Einfluß der Hinterschiffsform auf das Manövrieren von Schiffen auf flachem Wasser
in Vorbereitung

HEFT 477
Dr. K. Utermann, Dortmund
Freizeitprobleme bei der männlichen Jugend einer Zechengemeinde
1957, 56 Seiten, DM 12,75

HEFT 478
Prof. Dr.-Ing. habil. W. Petersen und Dr.-Ing. S. Wawroschek, Aachen
Brikettierungsversuche zur Erzeugung von Möllerbriketts unter Verwendung von Braunkohle
1957, 102 Seiten, 42 Abb., 6 Tabellen, DM 24,25

HEFT 479
Prof. Dr.-Ing. W. Wegener, Aachen, und Dipl.-Ing. H. Fourné, Bochum
Ursachen des Überschreitens der Toleranzgrenze nach oben oder unten (Meter pro Gramm) an der Strecke
1958, 60 Seiten, 17 Abb., 3 Tabellen, DM 14,60

HEFT 480
Dr. phil. K. Brücker-Steinkuhl, Düsseldorf
Anwendung mathematisch-statistischer Verfahren bei der Fabrikationsüberwachung
in Vorbereitung

HEFT 481
Oberbaurat Dr.-Ing. W. Meyer zur Capellen, Aachen
Fünf- und sechspunktige Geradführung in Sonderlagen des ebenen Gelenkvierecks
in Vorbereitung

HEFT 482
Dipl.-Ing. R. Pels-Leusden und Dr. K. Bergmann, Essen
Die Frostbeständigkeit von Ziegeln; Einflüsse der Materialzusammensetzung und des Brandes

HEFT 483
Prof. Dr.-Ing. habil. F. A. F. Schmidt, Aachen
Gemischbildungs-, Selbstzündungs- und Verbrennungsvorgänge als Grundlage für Entwicklungsarbeiten an Gasturbinenbrennkammern

HEFT 484
Prof. Dr. habil. H. E. Schwiete und Dr. G. Schwiete, Aachen
Beitrag zur Struktur des Montmorillonit
in Vorbereitung

HEFT 485
Prof. Dr. phil. E. Jenckel, Aachen, Dr. H. Wilsing, Dormagen, Dr. H. Dörffurt, Wesseling/Bez. Köln und Dipl.-Phys. H. Rinkens, Eschweiler
Kristallisation und Hochpolymeren
in Vorbereitung

HEFT 486
Doz. Dr. med. E. Lerche und Dr. med. J. Schulze, Aachen
Hörermüdung und Adaptation im Tierexperiment
in Vorbereitung

HEFT 487
Prof. Dipl.-Ing. W. Blume, Duisburg
Festigkeitseigenschaften kombinierter Leichtbaustoffe im Hinblick auf die Verkehrstechnik, insbesondere des Flugzeugbaus
in Vorbereitung

HEFT 488
Prof. Dr. habil. H. E. Schwiete und Dipl.-Chem. H. Westmark
Beitrag zur Kennzeichnung der Texturen von Schamottesteinen
in Vorbereitung

HEFT 489
Dipl.-Math. K. H. Müller
Strenge Lösungen der Navier-Stokes-Gleichung für rotationssymmetrische Strömungen
1957, 64 Seiten, 23 Abb., DM 14,85

HEFT 490
Hauptstelle für Staub- und Silikosebekämpfung des Steinkohlenbergbauvereins, Essen-Rüttenscheid
Zur Staub- und Silikosebekämpfung im Steinkohlenbergbau
in Vorbereitung

HEFT 491
Prof. Dr. Fr. Lotze und K. Kötter, Münster
Chloridgehalte des oberen Emsgebietes und ihre Beziehungen zur Hydrogeologie
in Vorbereitung

HEFT 492
Prof.-Dr. phil. J. Meixner und B. Manz, Aachen
Zur Theorie der irreversiblen Prozesse in α-Eisen
in Vorbereitung

HEFT 493
Prof. Dr. phil. habil. A. Naumann und Dipl.-Ing. H. Pfeiffer, Aachen
Versuche an Wirbelstraßen hinter Zylindern bei hohen Geschwindigkeiten
in Vorbereitung

HEFT 494
Dipl.-Ing. W. Rohs und Text.-Ing. Griese, Bielefeld
Entwicklung und Erprobung eines verbesserten elektrischen Kettfadenwächtergeschirrs für die Leinen- und Halbleinenweberei
1957, 56 Seiten, 9 Abb., 11 Tabellen, DM 13,—

HEFT 495
Prof. Dr. phil. E. Asmus und Dr. rer. nat. H.-F. Kurandt, Berlin
Einige analytische Anwendungen der Zincke-Königschen Reaktion
in Vorbereitung

HEFT 496
Dipl.-Chem. P. Vogel, Krefeld
Färberische Eigenschaften von zur Herstellung von Verdickungen in der Stoffdruckerei bestimmten Sorten
1957, 38 Seiten, 3 Abb., 3 Tabellen, DM 9,30

HEFT 497
Oberarzt Dr. med. G. Mußgnug, Bottrop
Die Knochenveränderungen und der Knochenstoffwechsel beim Sudeck-Syndrom
1958, 58 Seiten, 18 Abb., DM 13,85

HEFT 498
Prof. Dr.-Ing. H. Zahn und Dr. rer. nat. W. Gerstner, Aachen
Herstellung säurefester technischer Gewebe
1957, 40 Seiten, 8 Tabellen, DM 9,65

HEFT 499
Priv.-Doz. Dr. J. Juilfs, Krefeld
Die Bestimmung des Wasserrückhaltevermögens (bzw. des Quellwertes) von Fasern
in Vorbereitung

WESTDEUTSCHER VERLAG · KÖLN UND OPLADEN

HEFT 500
Priv.-Doz. Dr. J. Juilfs, Krefeld
Vergleichende Untersuchungen am Schopper-Scheuerprüfgerät
in Vorbereitung

HEFT 501
Dipl.-Ing. W. Robs und Dr. J. Geurten, Bielefeld
Untersuchungen in der Leinengarnbleiche
in Vorbereitung

HEFT 502
Prof. Dr. M. Diem und Dr. R. Trappenberg, Karlsruhe
Berechnung der Ausbreitung von Staub und Gas
1957, 200 Seiten, mit zahlreichen Diagr., DM 37,30

HEFT 503
Dr. rer. nat. J. Faßbender, Bonn
Untersuchungen über die Eigenschaften von Cadmiumsulfid-Sandwich-Zellen
1957, 36 Seiten, 8 Abb., DM 8,80

HEFT 504
Prof. Dr. phil. F. Wever, Dr. phil. W. Wink und Dr. rer. nat. W. Jellinghaus, Düsseldorf
Versuchsanordnung zur Messung der Suszeptibilität paramagnetischer Stoffe und Meßergebnisse an Nickel-Chrom- und Kobalt-Nickel-Chrom-Werkstoffen
in Vorbereitung

HEFT 505
Prof. Dr.-Ing. F. A. F. Schmidt und Dipl.-Ing. H. Heitland, Aachen
Einfluß des Selbstzündungsverhaltens der Kraftstoffe auf den Verbrennungsablauf, Wirkungsgrad und Druckverlust von Hochleistungsbrennkammern
in Vorbereitung

HEFT 506
Prof. Dr.-Ing. W. Meyer zur Capellen, Aachen
Der Flächeninhalt von Koppelkurven. — Ein Beitrag zu ihrem Formenwandel
in Vorbereitung

HEFT 507
Prof. Dr. H. Kaiser, Dr. G. Bergmann und Dr. G. Gresze, Dortmund
Kartei zur Dokumentation in der Molekülspektroskopie
in Vorbereitung

HEFT 508
Dr. H. Schmidt-Ries, Krefeld
Limnologische Untersuchungen des Rheinstromes I (Hydrobiologische und physiographische Untersuchungen)
in Vorbereitung

HEFT 509
Dr. Schmidt-Ries, Krefeld
Limnologische Untersuchungen des Rheinstromes I (Tabellenwerk)
in Vorbereitung

HEFT 510
Prof. Dr. rer. nat. W. Groth und Dr.-Ing. K. Bayerle, Bonn
Anreicherung der Uranisotope nach dem Gaszentrifugenverfahren
in Vorbereitung

HEFT 511
H. Wahl, G. Kantenwein und W. Schäfer, Essen
Gesteinsbohr-Modellversuche zur Frage des Drehbohrens, Schlagbohrens und Drehschlagbohrens
in Vorbereitung

HEFT 512
Prof. Dr. H. Strassl, Bonn
Azimut-Monogramme für alle Stundenwinkel und Deklinationen im Bereich der geographischen Breiten von $-80°$ bis $+80°$
in Vorbereitung

HEFT 513
Prof. Dr. W. Schmitz und Dr. rer. F. Schmitt, Mülheim/Ruhr
Die Verwendung des Magnetbandgerätes zur Speicherung des Kurvenverlaufs elektrischer Ströme
in Vorbereitung

HEFT 514
Dr. rer. nat. M.-E. Meffert, Essen
Die Kultur von Scenedesmus obliquus in Abwasser
1957, 46 Seiten, 7 Abb., 7 Tabellen, DM 10,85

HEFT 515
Prof. Dr. habil. H. E. Schwiete und Dr.-Ing. Chr. Hummel, Aachen
Thermochemische Untersuchungen im System SiO_2 und $Na_2O—SiO_2$
in Vorbereitung

HEFT 516
Prof. Dr.-Ing. H. Müller, Dipl.-Ing. F. Reinke und Dipl.-Ing. W. Sorgenicht, Essen
Gesamtstrahlungsmessungen der Temperaturstrahlung
in Vorbereitung

HEFT 517
Prof. Dr. med. G. Lehmann und Dr. med. J. Meyer-Delius, Dortmund
Gefäßreaktionen der Körperperipherie bei Schalleinwirkung
in Vorbereitung

HEFT 518
Dr.-Ing. H. Scheffler, Dortmund
Funktionelle Zusammenhänge der dynamischen Einflußgrößen beim handgeführten Druckluft-Abbauhammer und ihre Berücksichtigung für die Konstruktion rückstoßarmer Hämmer
in Vorbereitung

HEFT 519
Prof. Dr. phil. F. Wever, Dr. phil. W. Koch und Dr. phil. S. Eckhard, Düsseldorf
Die spektrographische Bestimmung der Spurenelemente in Stahl ohne vorherige Abbrennung
in Vorbereitung

HEFT 520
Prof. Dr.-Ing. H. Opitz, Dipl.-Ing. H. Obrig und Dipl.-Ing. P. Kips, Aachen
Untersuchung neuartiger elektrischer Bearbeitungsverfahren
in Vorbereitung

HEFT 521
Prof. Dr.-Ing. H. Opitz und Dipl.-Ing. K. E. Schwartz, Aachen
Das Abrichten von Schleifscheiben mit Diamanten
in Vorbereitung

HEFT 522
J. Lorentz und K. Brocks
Elektrische Meßverfahren in der Geodäsie
in Vorbereitung

HEFT 523
K. Eberts
Entwicklungen einiger Meßverfahren und einer Frequenz- und amplitudenstabilisierten Meßeinrichtung zur gleichzeitigen Bestimmung der komplexen Dielektrizitäts- und Permeabilitätskonstante von festen und flüssigen Materialien im rechteckigen Hohlleiter und im freien Raum bei Frequenzen von 9200 und 33000 MHz
in Vorbereitung

HEFT 524
Dr. rer. nat. S. Lockau, Emlichheim
Versuche zur Gewinnung von Kartoffeleiweiß
in Vorbereitung

HEFT 525
Prof. Dr. Dr. h.c. H. P. Kaufmann und Dr. F. Wegborst, Münster
Beiträge zur Chemie und Technologie der Fetthärtung I
in Vorbereitung

HEFT 526
Dr. phil. habil. P. Hölemann und Ing. R. Hasselmann, Dortmund
Einfluß der Oberflächenbeschaffenheit der Wandung auf den Ablauf von Azetylenexplosionen
in Vorbereitung

HEFT 527
Dr. rer. nat. K. G. Müller, Hanau/W.
Wärmeübertragung auf eine Flugstaubströmung im senkrechten Rohr sowie auf eine durchströmte Schüttgutschicht
in Vorbereitung

HEFT 528
Dr. P. Ney und Dr. F. Schwarz, Köln
Physikochemische Grundlagen der Bildsamkeit von Kalken unter Einbeziehung des Begriffs der aktiven Oberfläche
Kristallchemische Betrachtung der Bildsamkeit
in Vorbereitung

HEFT 529
Dr. phil. G. Riedel, Dortmund
Messung und Regelung des Klimazustandes durch eine die Erträglichkeit für den Menschen anzeigende Klimasonde
in Vorbereitung

HEFT 530
Prof. Dr. med. O. Graf, Dortmund
Nervöse Belastung im Betrieb — I. Teil: Nachtarbeit und nervöse Belastung
in Vorbereitung

HEFT 531
Prof. Dr.-Ing. habil. K. Krekeler, Dipl.-Ing. H. Verhoeven und Dipl.-Ing. H. Ernenputsch, Aachen
Autogenes Entspannen bei niedrigen Temperaturen
in Vorbereitung

HEFT 532
Prof. Dr.-Ing. habil. K. Krekeler, Dipl.-Ing. H. Verhoeven und Dipl.-Ing. W. Krieweth, Aachen
Schutzgasschweißen mit kontinuierlich abschmelzender Elektrode von niedriglegierten Kohlenstoffstählen (Sigma-Schweißen)
in Vorbereitung

HEFT 533
Prof. Dr.-Ing. H. Opitz und Dipl.-Ing. W. Hölken, Aachen
Untersuchung von Ratterschwingungen an Drehbänken
in Vorbereitung

HEFT 534
Oberbergamtsdirektor H. Sanders, Dortmund
Seismische Forschungsarbeiten im Ostteil des Grubenfeldes König Ludwig
in Vorbereitung

HEFT 535
Dr.-Ing. J. Lennertz, Köln
Einfluß des Ausbaugrades und Benutzungsgrades nachrichtentechnischer Einrichtungen auf die Gesamtwirtschaft
in Vorbereitung

HEFT 536
Dr. rer. nat. C. W. Czernin-Chudenitz, Krefeld
Limnologische Untersuchungen des Rheinstromes. — Quantitative Phytoplanktonuntersuchungen
in Vorbereitung

HEFT 537
Dr.-Ing. N. Gössl, Frankfurt/M.
Probleme der Zugförderung im Zusammenhang mit der Ausnutzung der Atom-Energie
in Vorbereitung

HEFT 538
Prof. Dr. K. Hinsberg, Düsseldorf
Reaktion zur Frühdiagnose von Krebserkrankungen
in Vorbereitung

HEFT 539
Prof. Dr. L. v. Ubisch, Norwegen
Die philogenetischen Symmetrieveränderungen bei den Seeigeln
in Vorbereitung

HEFT 540
Prof. Dr. rer. nat. H. Krebs, Bonn
Die katalytische Aktivierung des Schwefels
in Vorbereitung

HEFT 541
Prof. Dr. O. Schmitz-DuMont, Bonn
Reaktionen in flüssigem Ammoniak zur Gewinnung von 1. Titanylamid, 2. Oxykobalt (III)-amiden, 3. Ammonobasischen Kobalt (III)-benzylaten
in Vorbereitung

HEFT 542
Dr. phil. nat. G. Zapf, Schwelm
Entwicklung eines Verfahrens zur Herstellung von Formteilen aus Sintermessing
in Vorbereitung

HEFT 543
Prof. Dr. phil. habil. H. E. Schwiete, Dr. phil. H. Müller-Hesse und Dipl.-Ing. G. Gelsdorf, Aachen
Einlagerungsversuche an synthetischem Mullit. Teil II
in Vorbereitung

HEFT 544
Prof. Dr. phil. habil. H. E. Schwiete, Dr.-Ing. A. K. Bose und Dr. phil. H. Müller-Hesse, Aachen
Die Schmelzphase in Schamottesteinen. — Teil II
in Vorbereitung

HEFT 545
Prof. Dr. phil. habil. H. E. Schwiete, Dr. rer. nat. G. Ziegler und Dipl.-Ing. Ch. Kliesch, Aachen
Thermochemische Untersuchungen über die Dehydration des Montmorillonits
in Vorbereitung

HEFT 546
Prof. Dr.-Ing. K. Leist und K. Graf, Aachen
Vergleich von Gleichdruck- und Verpuffungsgasturbinen
in Vorbereitung

HEFT 547
Prof. Dr.-Ing. K. Leist, K. Graf und D. Stojek, Aachen
Das betriebliche Verhalten von Gasturbinen-Fahrzeugen
in Vorbereitung

WESTDEUTSCHER VERLAG · KÖLN UND OPLADEN

HEFT 548
Prof. Dr.-Ing. K. Leist und J. Weber, Aachen
Spannungsoptische Untersuchungen von Turbinenscheiben mit angefrästen und eingesetzten Schaufeln
in Vorbereitung

HEFT 549
Dr.-Ing. R. Merten, Duisburg
Resonanzanpassung bei einem Tiefpaß
in Vorbereitung

HEFT 550
Dr. H. Stephan, Bonn
Elektrisches Standhöhenmeßgerät für Flüssigkeiten
in Vorbereitung

HEFT 551
Prof. Dr. phil. W. Weizel und Dipl.-Phys. B. Brandt, Bonn
Betriebsbedingungen einer stromstarken Glimmentladung
in Vorbereitung

HEFT 552
Dr.-Ing. G. Leiber und Dipl.-Ing. D. Schauwinhold, Duisburg-Hamborn
Versuche zur Erzeugung halbberuhigten Stahles
in Vorbereitung

HEFT 553
Prof. Dr. rer. pol. G. Garbotz und Dipl.-Ing. J. Theiner, Aachen
Untersuchungen der Walzverdichtungsvorgänge auf Lößlehm, Kies und Schotter
in Vorbereitung

HEFT 554
Prof. Dr.-Ing. H. Müller, Essen
Untersuchung von Elektrowärmegeräten für Laienbedienung hinsichtlich Sicherheit und Gebrauchsfähigkeit. — Teil II: Temperaturen an und in schmiegsamen Elektrogeräten
in Vorbereitung

HEFT 555
Prof. Dr. med. H. Elbel und Dipl.-Phys. K. Sellier, Bonn
Der Nachweis kleinster CO-Mengen in Körperflüssigkeiten
in Vorbereitung

HEFT 556
Prof. Dr. A. Gütgemann und Dr. med. G. Karcher, Bonn
Klinische und experimentelle Untersuchungen mit Hilfe einer künstlichen Niere
in Vorbereitung

HEFT 557
Dr.-Ing. H. Schiffers, Dipl.-Ing. D. Ammann, Dipl.-Ing. E. Brugger und R. Dicke, Aachen
Härtbarkeit von Gußeisen mit Lamellen- und Kugelgraphit in Abhängigkeit von Zusammensetzung und Gefüge
in Vorbereitung

HEFT 558
Dr. phil. C. A. Roos, Aachen
Menschlich bedingte Fehlleistungen im Betrieb und Möglichkeiten ihrer Verringerung
in Vorbereitung

HEFT 559
Prof. Dr. H. E. Schwiete und Dipl.-Chem. R. Gauglitz, Aachen
Die Verflüssigung von Montmorillonitschlämmen
in Vorbereitung

HEFT 560
Prof. Dr. med. J. Vonkennel und Dr. G. Froitzheim, Köln
Zur Prüfung silikonhaltiger Hautschutzsalben
in Vorbereitung

HEFT 561
Prof. Dipl.-Ing. W. Sturtzel und Dr.-Ing. Schmidt-Stiebitz, Duisburg
Verbesserung des Wirkungsgrades von Düsenpropellern durch zusätzlich angeordnete Mischdüsen
in Vorbereitung

HEFT 562
Prof. Dr.-Ing. H. Schenck, Prof. Dr. phil. habil N. G. Schmahl und Dr.-Ing. G. Funke, Aachen
Die Reduzierbarkeit von Eisenerzen
in Vorbereitung

HEFT 563
Dr. D. v. Oppen, Dortmund
Beiträge zur Soziologie der Gemeinde im Ruhrgebiet. — II. Familien in ihrer Umwelt
in Vorbereitung

HEFT 565
Dr. K. Hahn und Dr. R. Mackensen, Dortmund
Beiträge zur Soziologie der Gemeinde im Ruhrgebiet. — IV. Die kommunale Neuordnung des Ruhrgebietes, dargestellt am Beispiel Dortmunds
in Vorbereitung

HEFT 566
Dr. H. Klages, Dortmund
Der Nachbarschaftsgedanke und die nachbarliche Wirklichkeit in der Großstadt
in Vorbereitung

WESTDEUTSCHER VERLAG · KÖLN UND OPLADEN

MIX
Papier aus verantwortungsvollen Quellen
Paper from responsible sources
FSC® C105338

If you have any concerns about our products,
you can contact us on
ProductSafety@springernature.com

In case Publisher is established outside the EU,
the EU authorized representative is:
**Springer Nature Customer Service Center GmbH
Europaplatz 3, 69115 Heidelberg, Germany**

Printed by Libri Plureos GmbH
in Hamburg, Germany